韦秀英

顾长安

著

情商

Emotional ntelligence

一本给孩子的人生格局书

青岛出版社
QING O PUBLISHING HOUSE

图书在版编目（CIP）数据

情商：一本给孩子的人生格局书 / 顾长安，韦秀英
著. —青岛：青岛出版社，2020.9
ISBN 978-7-5552-8967-8

Ⅰ. ①情… Ⅱ. ①顾… ②韦… Ⅲ. ①情商—青少年
读物 Ⅳ. ①B842.6-49

中国版本图书馆CIP数据核字（2020）第031520号

书　　名	情商：一本给孩子的人生格局书
著　　者	顾长安　韦秀英
出版发行	青岛出版社
社　　址	青岛市海尔路182号（266061）
本社网址	http://www.qdpub.com
邮购电话	18613853563　　0532-68068091
责任编辑	李文峰
特约编辑	郑丽丽
校　　对	李玮然
装帧设计	白砚川
照　　排	梁　霞
印　　刷	德富泰（唐山）印务有限公司
出版日期	2020年9月第1版　　2020年9月第1次印刷
开　　本	32开（880mm×1230mm）
印　　张	10
字　　数	170千
书　　号	ISBN 978-7-5552-8967-8
定　　价	55.00元

编校印装质量、盗版监督服务电话　4006532017　　0532-68068638

建议陈列类别：畅销·亲子 / 家教

EMORIONAL INTELLIGENCE

EMORIONAL INTELLIGENCE

EMORIONAL INTELLIGENCE

EMORIONAL INTELLIGENCE

EMORIONAL INTELLIGENCE

EMORIONAL INTELLIGENCE

EMORIONAL INTELLIGENCE

EMORIONAL INTELLIGENCE

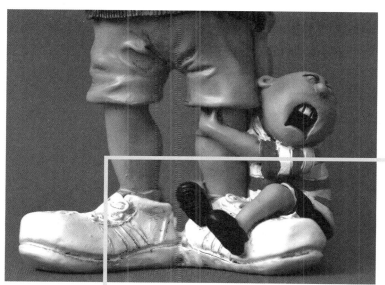

EMORIONAL INTELLIGENCE

EMORIONA_ INTELLIGENCE

EMORIONAL INTELLIGENCE

EMORIONAL INTELLIGENCE

EMORIONAL INTELLIGENCE

前言

曾国藩曾说："谋大事者，首重格局。"

格局，是近年来人们谈得越来越多的话题。

什么是一个人的格局呢？格局指的是一个人的眼光、知识容量浇筑的胸襟、心理素质等所组成的内在布局。

格局，更像是一个不可跨越的边界。你的边界有多广阔，你的人生就有多广阔。如同西方一句谚语："再大的烙饼也大不过烙它的锅。"要想饼大，首先锅要大。而孩子的情商，则是用来锻造那口锅的材料。

现在的孩子太早熟了，初中一年级的孩子可以正襟危坐地和你讨论他未来另一半的人品、相貌、脾性，思维缜密的程度让成年人汗颜——我们在择偶的时候思维大约都没有这么清晰远。

他懂得自己是谁、懂得自己要的是什么，在实在控制不住大哭大闹之后一边抽泣一边向周围关心他的人道歉；他失败的时候会消沉难过一阵，但是过后仍会握紧拳头大叫一声"我行的"；他或许胆小，但是一直鼓励自己勇敢；他或许害羞，但红着脸也要站到演讲台上；他与人为善，也会拒绝不怀好意的要求；他或许不是学霸，但有一技之长，拿出手就叫人眼前一亮；他可能是个"宅男"，但是也有一呼百应的朋友；心里喜欢的女孩，他默默喜欢、默默关爱，哪怕从来没有开始过，都能衷心祝她永远平安、开怀……

　　这样的孩子，我们为什么要担心他的未来呢？我们根本不用去操心他未来能赚多少钱、买几套房、车子是宝马还是奔驰……就算他没有获得世俗定义的成功，但是他的人生一定是充满乐趣、积极向上的，因为这是一个值得信赖的孩子，是一个高情商的孩子。

　　我们在谈论情商的时候，说的是什么？情商会让你学会认识、了解、审视自己，发现自己的潜力，正视自己的不足。它会教你如何激励自己，如何脱离负面情绪的摆布，从容面对人生里的波澜、失败、挫折、愤怒、恐惧、焦虑。它会带领你建造良好的人际关系，为自己营造一个最佳的人际环境。它会引领你改变生活的方方面面，使你成为更好的自己。

　　人生如河，你就是摆渡人。我们总以为身为父母、老师，就要俯下身牵着孩子过河，与其同甘共苦、风雨同舟。然而，每个人都有属于自己的河流，有的清浅平缓，有的呼啸奔流。我们能做的仅仅是指导他建造属于自己的船，告诉他如何分辨东南西北，如何预测天气，如何判断风向。这条河，最终只能靠他自己渡过。

　　智力、文化、知识是建造船身的材料，而情商就是这艘船的舵。有了它我们就能掌控大船的行驶方向，使其不偏离航线，遇到暗礁能及时避开；顺风顺水的时候全速前进，天气恶劣或者船身需要修整的时候及时停泊。

"泰山不让土壤，故能成其大；河海不择细流，故能就其深。"从现在起，学习提升你的情商，你迈出的每一小步，都是抵达成功彼岸的征途。记住，只要没被命运打倒，失败终究是储藏室里的过期品。

但愿每个孩子都能通过情商的提升，放下心中那些"不可能"，绽放出生命的"无限可能"。

EMORIONAL INTELLIGENCE

目录 CONTENTS

第三章　正确理解他人
——情绪背后都藏着情感诉求

第四章　高效表达自己
——更好地被这个世界微笑着接纳

第一章

去成为怎样的人
——这比你现在是怎样的人更重要

人生除了浑浑噩噩之外，还可以怎样度过？时间会在你
努力的过程中替你的人生留下伏笔。那个咬牙前行的自己，
就是你生命里的设计师。

一个小目标：
将"本我"塑造成"自我"

1990年，美国耶鲁大学心理学家彼得·塞拉维（Peter Salovey）和新罕布什尔大学的约翰·梅耶（D. Mayer）正式提出了"情商"这一概念。

情商（Emotional Quotient，简称EQ），又称情绪智能、情感智能（Emotional Intelligence），或情绪商数，它被划分为发展心理学的范畴。

1995年，美国《纽约时报》的行为科学和脑科学的专栏作家、《今日心理学》前任高级主编丹尼尔·戈尔曼（Daniel Gorman），将有关情商研究的学术成果、深奥的理论知识以一种通俗的方式演绎汇编或《情绪智能》（Emotional Intelligence）（又译为《情感智商》）一书。这本书迅速成为行销世界的畅销书，情商这一概念也得以在全世界范围内广泛传播。

那么，到底什么是情商？为什么人们这么关注它？

很多人大概听过一个著名的实验：哈佛大学曾对一群各方面条

件相当的年轻人做过一项能力追踪调查实验。这些年轻人有着相近的年龄、相似的成长环境和教育背景。调查的目的是测定一个人的目标到底对人生有着怎样的影响。

研究伊始，在这些被调查者中，27％的人没有目标，60％的人目标模糊，10％的人有清晰但比较短期的目标，而有着长远且明确目标的人只占3％。

经过长达25年的追踪，研究人员发现，那27％的人，25年来依旧没有目标，生活大多过得不如意：失业，等待社会救济，抱怨社会，抱怨政府，抱怨他人。

目标模糊者，占被研究者的大多数。这60％的人大多生活在社会的中层，没有取得夺目的成绩，按部就班地过着安稳的生活。

正如歌德（Johann Wolfgang von Goethe）说过的："每走一步都走向一个终要达到的目标，这并不够，应该每一步都是一个目标，每一步都自有价值。"

有清晰的短期目标者，短期目标达成后，就促成了下一个目标的设定。当下一个目标达成后，又促进了新的目标产生。这种不断实现目标的过程形成了良性循环，使这一部分被调查者的生活状态一直在稳步上升，他们基本成了社会的中上层或各行各业中的专业人士。

而那些一直拥有长期且清晰的目标的人，25年来从来没有放弃当初的目标，怀揣梦想，坚持向着那个方向不懈努力。而他们在25年之后，几乎都成了社会各个方面的成功人士。

"目标"是一种个人或是系统想要达到的结果，并会以此为计划，努力设法达成。它是对所期望成就的事情的决心，比"梦想"更具体，也更易于触摸和实现。

只有能主宰自我的人，才能克服人生道路上的困难、退缩、失落、消沉、惊慌。而如何主宰自我实现目标，正是情商正向引导的结果。

欲望是天生的，并不可耻。在人们进入青春期后，甚至在即将进入青春期时，个人意识开始不断苏醒，加上体内荷尔蒙的影响，开始有了焦虑、怀疑、失望、迷茫的情绪。这些情绪对十多岁的孩子来说是陌生的，并且会使他们产生莫名的恐惧感。他们不断对自身、社会和宇宙产生疑问：我是谁？从哪里来？到哪里去？

奥地利心理学家、精神分析学家、哲学家西格蒙德·弗洛伊德（Sigmund Freud）根据乔治·果代克（Georg Groddeck）的作品创造了一个词语："本我"（id）。"本我""自我""超我"构成了心理学上人的完整的人格。

所谓"本我"，就是在无意识形态下的思想，代表人类最原始的思维程序、本能的冲动和欲望，比如愤懑、饥饿、性欲等一切与生俱来的欲望，是天生就会趋利避害、追求生理满足的原始能力。

"自我"（ego）不是我们平常意义上说的"自私"。心理学上"自我"的概念虽然在各个心理学学派的用法不尽相同，但核心都是指"个人有意识的部分"，是人格心理的组成部分。"自我"会随着外在环境而对自身进行调节。

人是社会性动物，无法真正做到"放飞自我"，在生物机能得到满足的同时，会透过社会化的过程，将"本我"进行驯服。这是人的生物性和社会规范之间互相协调后的结果，所呈现出的是已经被折中的"自我"。

"超我"（super-ego）则是人格结构中的管制者，由道德原则支配。"超我"倾向于站在"本我"的原始渴望的反对立场上，而对"自我"有侵略性。

人类的一切心理活动都可以从"本我""自我""超我"之间得到合理的解释。"超我"和"本我"几乎是永久对立的，为了协调"本我"和"超我"之间的矛盾，就需要塑造"自我"进行调节。

而"本我"如何能超越人类天生的劣根性成功塑造"自我"？这些同样需要情商的正向引导。

我们在夸某人的时候常喜欢说某某性格好。那些"性格好"的人有什么共性？他们似乎不会轻易发怒，说出的话不会让人觉得难堪，和他们在一起让人感觉如沐春风；他们善良、大方、懂得分享、懂得照顾周围所有人的情绪，是所有人都喜欢的人。

但我们知道，遇到不公平的事的时候，生气、发怒是人的下意识反应。饥饿的时候想先填饱肚子，遇到危险的时候想逃跑，被人攻击的时候想反抗，听到辱骂的时候想反唇相讥……

可是，这些看似一点儿也不"体面"的反应，才是人类的天性啊！"好性格"背后一定有"委曲求全"。

"性格"是社会定义下由其行为反映出的个人对世界和周围事物的态度。虽然我们总是笼统地把性格分为"好""坏"，但是每个人所呈现出来的性格是天差地别的，就像世界上没有两片相同的树叶，也没有绝对相同的性格——每个人都是独特的。从前没有和你一样的人，未来也不会有，你就是你，一个独有的个体。性格更无法单纯地以好坏区分。

冲动的人也许会让人觉得毛毛糙糙，做事不计后果，但这样的人往往有冲劲，能开辟新思路，脑袋中能不断闪现灵感；性格内敛的人也许让人感到稳定，但也注定他们爱墨守成规，做事瞻前顾后。

性格多是天生的，但后天形成的社会性对其认知有极其重大的影响，这也是为什么我们会发现，时隔多年某个内向的人变得外向活泼，某个阳光灿烂的人变得阴郁刻薄。

性格是可变的，这种变化会有两极化的趋势：一种走向积极，一种走向消极。而只有在情商的指导下塑造出的性格，才能成为健全的性格。健全的性格，是框定人生格局的地基。

当"本我"的某种情绪失控，"自我"能否及时对其进行觉察和调节，这是情商的基石。情商会监视、控制"本我"的变化，引领个体的理解和领悟，认识、接受、内化那些不被社会环境所允许的行为。它能阻止人体成为被情绪摆布得无能为力的奴仆，从而塑造一个能掌控人生的"自我"。

正视"本我"，正视自己身体里产生的欲望，不要将它们视为洪水猛兽，正视自己面对不公时的愤怒、偶尔闪现的青春冲动、面对美食想要无节制地吃掉的欲望、面对作业和考试总想逃避的行为。

我们只有了解最真实的自己，才能更好地规划"自我"，才能有机会成为更好的自己。

了解自己的兴趣所在，能帮助自己发挥特长，找到让你有热情的事情，充分发挥积极性；了解自己的价值观，明白什么是底线，什么是标准。当你要做的事情的价值观和兴趣相契合时，就能发挥出无限的潜能。

我们要试着接受那些"不美好"的"本我"，但是又不任意放飞它们，让它们失控。当你有了塑造"自我"的想法和目标时，第一步就已经成功了。当我们真正塑造好了"自我"时，就能准确定位自己的人生发展方向，不会因为一时的疲惫和迷惘而步入歧途或者裹足不前，人生就真正掌握在自己手里了。

别让外界标签
阻止你变得强大

北宋著名诗人苏轼在《题西林壁》中写道："横看成岭侧成峰，远近高低各不同。不识庐山真面目，只缘身在此山中。"诗的最后两句最为后人称道。因为我们都认可其中的哲理：大到宇宙万物，小到自我认识，对一切事情，如果我们被困在它的圈子里面，就会迷茫而看不清楚，更别说掌控全局。我们只有跳出来，以旁观者的角度去研究、分析，才能得到客观的结论和正确的认识。

我们要如何提升情商？如果对自我没有清楚的认识，提高情商就是一句空话。

人的社会属性决定了每个人都期待被认可、接纳，也渴望一个能了解并理解自己的人。你认识这样的人时，就会欣喜雀跃，实际上这样的人常常是可遇而不可求的，所以那些迷茫往往无处安放。如果等待的时间太久，你慢慢就会关上心灵的大门，将自己封闭在自己的世界里无法走出来。

然而世界上最好的灵魂伴侣其实就是自己，只有你能看到自己

情商：一本给孩子的人生格局书

灵魂深处的一切，或许是胆怯，或许是阴郁，或许是狭隘。只要你肯直面自己，阳光的一面也好，不堪的一面也好，都能清晰地呈现出来。

这时候，没有人再在你身上贴标签，而你身上的那些标签对你也是没有任何约束力的。

当你来到一家超市，超市很大，一排又一排货架整齐排开，货品琳琅满目。但当你需要寻找一件商品的时候就会感到头疼，于是抬头看到天花板上吊着的牌子：蔬菜在1号区，奶制品在2号区，办公用品在7号区，生活用品在10号区……你按照指示牌来到对应的区域，仔细观看每一个标签，但就是找不到你要的东西。等你花费半天的时间终于找到你要的东西时，才发现标签贴错了，货品被放到了错误的地方，所以怎么找都找不到。

心理学家曾做过这样一个实验，将被实验者集中起来请他们对一项慈善事业捐款。这些被实验者有的捐了钱，有的选择不捐。心理学家将这些人分成了三部分：捐钱的被说成是"善良的人"，没有捐钱的被说成"不善良的人"；另一部分人则没有任何结论。过了一段时间，心理学家再次将上次的人召集起来，请他们对另一项慈善事业捐款。这次心理学家发现那些第一次被说成是"善良的人"的被实验者依旧捐了款，那些被说成是"不善良的人"的被实验者大部分再次选择不捐款。

这就是标签无形的力量，也就是标签效应。

我们每个人身上都被贴上了无形的标签：有人是"学霸"、有人是"学渣"、有人是"坏孩子"、有人是"心机女孩"、有人是"吃货"、有人是"英雄"、有人是"胆小鬼"……

当一个人被贴上某个标签，他在无形中就会使自己的行为靠近标签内容，或者努力迎合标签内容。他觉得无力反抗，索性承认标签的内容，使得标签最终长进了肉里，再也撕不掉。

这些标签一旦被贴上就很难撕掉。因为贴标签的不仅是周围的人，还有我们自己。能撕掉标签的人，不是别人，只有我们自己。

我知道你怎么看我，但是我只想做自己。

标签是一张无形的网，将所有的可能包含其中，而扼杀了其他的可能性。在孩子还很小的时候，他们无法对事物做出正确的判断和独立的思考，对自身的认识大多从成人身上和外界获得。

如果外界给他们贴上了"内向"的标签，那么他们就更加不容易走出内向的困境。不管遇到什么场合，家长一句"这孩子就是内向"之类的话就足以断送一个机会。也许那时候他们积攒了很久的勇气，就被这样一句话给消灭了。他们丧失了锻炼的机会，也给了自己下一次退缩的借口。

我们要勇敢撕掉贴在身上的标签，不去迎合别人给自己的定义，做自己，而不是别人眼中的人。

阻止你强大的人，只有你自己。

我们不需要总是羡慕别人，这个人有过人的智慧，那个人有出众的美貌，某人有高学历的父母……我们更不应该埋怨自己，觉得自己不聪明、家境普通、长相普通，什么都不如别人。

黎巴嫩著名的诗人纪伯伦（Kahlil Gibran）说过："智慧的基础——就是认识自己。"每个人都有自己的特点和与众不同的地方，如何发现自我、认识自我，找到自我价值，才是真正值得去做的事。

现在的我们都太迷信试卷上的分数，父母看到它们如同看到孩子的未来。

诚然，按部就班地学习，考入名牌大学，会让孩子未来的生活变得相对容易。眼界开阔，接受到好的教育，孩子成功的概率就会提高。但我们同时发现，并不是分数高，孩子未来就能高枕无忧；

情商：一本给孩子的人生格局书

也不是分数低，孩子的未来就彻底没有希望。

美国畅销书《钟形曲线》（*The Bell Curve*）中写道："假设一个人参加智商测验时，数学一项仅得了50分，也许他不适合当数学家。但如果他的梦想是自己创业、当参议员，或者赚上100万，这并非没有实现的可能。影响人生成败的因素实在太多，相比之下，区区的智商测验何足道哉。"

人生道路是一场漫长的博弈，也应该遵从"以己之长，攻彼之短"的方法。

你不能期望一个热爱数学不爱语文的孩子成为文学巨匠，不能期望一个精力充沛好动的孩子坐在那里看一整天的书，不能期望一个酷爱跳舞的孩子成为歌唱家。每个独一无二的孩子都各有长短。父母要认清孩子的能力，青少年自己也要认识和懂得自己。

影响人生成败的因素太多，分数其实没有那么重要，或者并没有你想象的那么重要。正如法国作家辛涅科尔（Sénancour）说的那样："对于宇宙，我微不足道；可是，对于我自己，我就是一切。"认识自己的长处、认识自己的短板，都是使你成功的第一步。

那些外界的阻挡只是一时的，而真正阻止你强大的，只有你自己；能打败你的，也只有你自己。

当机遇来敲门，
不要做胆小鬼

心理学家丹尼尔·高尔曼（Daniel Goleman）认为，情商由五个向度组成。

第一个向度是"自我察觉"。高情商的人，都能精准地觉察自我情绪的细微变化。

第二个向度是"自我规范"。高情商的人，情绪表达是可控制的，在他们身上几乎不会出现情绪失控这种状况。

第三个向度是"自我激励"。高情商的人，能够主动调动合适的情绪，以达到自我激励和驱动，最终用以实现目标。

第四个向度是"同理心"。高情商的人，拥有超强的共情能力，哪怕是细微的信号，他们都能敏感地感受到别人的需求和欲望，快速识别他人的情绪。在生活里，他们是大家口中的"知心姐姐""暖男哥哥""贴心妹妹"，是最好的聆听者，在聆听别人的倾诉时，从来不会显露出鄙视、不屑、不耐烦。相反，他们总是能够表达自己的理解，让对方感到被尊重，他们的回应都是巧妙而令人感到温暖舒适的；他们总是善于调控他人的情绪反应，让倾诉者能顺利表达自己的情绪。

第五个向度是"现实检验能力"。高情商的人能够精准且客观地辨别周围环境中的资源，能够识别哪些是有利的，哪些是不利的。面对不利的状况，他们仍然能够保持一份乐观，会积极主动地迎接外界的变化；不惊慌、不抱怨，能冷静地综合各种资源，灵活地应对外界变化的环境和压力；有一种对变化的掌控力，成功解决问题，而不是让问题失控。

和这五个向度相对应的就是高情商的人的五个能力：认识自身情绪的能力、妥善管理情绪的能力、自我激励的能力、认识他人情绪的能力、管理人际关系的能力。

拥有了这五个能力，你就拥有了成功最重要的秘密武器。

成功并不都来自智力，因为智商大多由先天因素决定，我们很难改变自己的基因，所能做的就是不断重复学习。而情商是可塑的，是可以从小培养的，即使成年之后，仍旧可以通过训练来提高情商。换句话说，情商的提升，什么时候开始都不晚。

很多时候成功与否只是瞬间的事情，也许只是一个小小的机遇就能让人生发生天翻地覆的变化。很多人挂在嘴边的一句话就是"我在等待一个机会"。机遇来时，你怎么知道那就是你等待的机遇呢？当机遇降临的时候，如果无法分辨、把握，你就会白白蹉跎岁月，难成大事。

这种守株待兔的等待往往不是真的等待，而是放任自流、撞大运。真正等待机会的人，在等待的时候从来没有停止自我提升。他们修炼、积累、卧薪尝胆、刻苦自励，等到机会来临时一击即中。而机遇，也特别垂青那些有独立思考能力、懂得把机会抓在手里的人。

更多时候，我们缺少的不是机遇，而是一双分辨的眼睛，或是一份在机遇到来时能帮助我们紧紧抓住的东西。这个东西就是情商。

在大海的深处，有一种凶猛的鱼，它们从来不会主动出击，每天要做的就是藏在岩石后面张大嘴巴，等着小鱼小虾自己送上门，然后大快朵颐。但是送上门的小鱼小虾毕竟是少数，所以这些凶猛的鱼空有一身本领，却只能维持基本的生存，并且经常饿肚子。

这种"等待"绝对不是抓住机遇的正确方式，就算是在等待，也应该以自己的固定活动范围为基础，谋求新的领地。只有不断寻求，机会才能真正到来。

当我们看到学业有成或者事业有成的人时，很多人觉得是他们的运气好，是命运之神对他们青睐，而自己一事无成，缺乏的仅仅是运气。实际上，命运之神根本没有这个力量。赋予这些成功之人能力的，是情商带给他们的识别"机会"的眼睛。

你要相信，自己是一份尚待完成的杰作。

只有那些懂得积极创造机会的人，才更容易取得辉煌的成就。

我们要保持自我提升的热情，永远保持积极向上的心态；不要胆怯，不要因为自己平凡的现状而否认自己也会拥有璀璨的未来。因为年轻就是资本，有无限的可能。

不管对谁来说，积极和热情都很重要，它是努力工作和学习的原动力，是事业成功的源泉。只有对自己的事业拥有无与伦比的激情，并且让别人看到你的热情，才会有所收获。

英特尔公司创办人之一、前执行长安迪·葛洛夫（Andy Grove）有一年在加州大学伯克利分校的毕业生典礼上做演讲，告诉台下的毕业生："不管你在哪里工作，都别把自己当成员工，应该把公司当成是自己的。"

他为什么要这样说？作为青少年，工作似乎是一件很遥远的事情。其实安迪·葛洛夫是想告诉我们，不要只把工作当作一种谋生的手段，做一天和尚撞一天钟，漫无目的地等待机遇的心态是永远不能成功的。

要全身心地投入工作，不单单把自己当成员工，更是以一个领导者的心态去工作。因为只有这样，我们才会变被动为主动，万事从老板的角度考虑问题，发挥自己的能动性和创造力。肯付出、愿努力、不畏惧牺牲，只有这样的人才能脱颖而出，取得成就。

在学习上也是这样，不应该把学习当成一件被动的事情。不要以为学习是为了家长，考上好大学是为了父母的颜面、老师的教学成就，学习知识其实就是一件单纯对自己有利的事情而已。我们学习不是为了任何人，是为了成为更好的自己。

你是一份造物主的杰作，只是现在还未完成，而你就是自己的造物主！

我们承认每个人的精力和能力不同，也许我们永远无法成为扎克伯格，一辈子也做不了比尔·盖茨（Bill Gates），但是当我们有了提升自我的勇气时，一切都会朝着积极的方向发展。机会越来越多，发现机会也变得更加轻松。

机会是勇气和智慧的结晶。抱怨没有机会的人太多，真正学会或者有胆量去抓机会的人太少。大部分人会感叹："为什么苹果不'砸在我头上'？那样我就会发现万有引力，也就没有牛顿（Isaac Newton）什么事儿啦！"

"为什么瓦特（James Watt）不晚点儿出生，如果让我赶上水壶里的水沸腾顶起壶盖，那么我就会改良蒸汽机了。"

"为什么某人得到了别人的赏识，而我这匹千里马总是遇不到伯乐呢？"

那么现在，把这些机会都给你。试想一下，一个苹果砸在了你的头上，你会怎么样？你是会像牛顿一样思考，还是抱怨这讨厌的苹果怎么不砸别人偏偏砸了你的头？或者干脆往树干踹几脚，抑或干脆吃掉苹果一泄心头之气?

如果世界上没有瓦特,你每天都有机会去烧水。水烧开了,沸水顶得壶盖乱跳、热水四溅,你确定你会去思考这其中的奥妙吗?还是吓得赶紧关掉煤气等水凉了再说?

如果你是一匹千里马,会日复一日地安静等待着伯乐的挑选,还是会主动抓住一切可以抓住的机会推销自己、显示自己的本领?

法国文豪亚历山大·仲马(Alexander Dumas)说过:"谁若是有一刹那的胆怯,也许就放走了幸运在这一刹那间对他伸出来的香饵。"

说到底,在机遇来临时,胆怯的人还是会因为情商无法匹配自己的智商,让机遇白白溜走。

收起你的抱怨,所有的机会都是自己争取来的。面对相同的事情、相同的处境,哪怕看到相同的东西,不同的人会有不同的行为和观点。情商高低的不同决定了有人在绝境里只会一味抱怨,夸大不利的形势,一蹶不振;而有的人能在绝境中看到希望和契机,绝地反击。

如培根(France Bacon)所言:"只有愚者才等待机会,而智者则造就机会。"

不管我们所处的环境如何,我们都应该把命运握在自己手中。只有自己才能抓住属于自己的机会,外界的帮助都是一时的,只有懂得识别机会,才能终身受益。所有的机会都不是偶然获得的,而是勇气和智慧的结晶。

独处时光：
学会听懂内心的潜台词

今天的世界是一个热闹的世界，世界从未像今天一样小，像一个小小的地球村。网络是如此发达，我们随时随地可以知道世界上任何角落发生的事情。

打开手机我们有热闹的微信，打开电脑我们能看到每分每秒都在更新的微博、QQ空间、Facebook（中文译为"脸书"或者"脸谱网"）、推特……世界是那样热闹，有说不完的话题、争论不休的事情、聊不完的八卦。

我们忙忙碌碌，其实都不过是在逃避孤独。资讯和社交媒体越发达，我们越不知道该如何独处。因为外面总是有各种各样的东西日新月异，每一天都有新鲜又有趣的东西出现。我们的眼睛根本忙不过来，我们也无法静下心来，因为我们急于去了解丰富的世界。然而，其实人生最难了解的就是自己。

进入青春期后，我们长大却并未成人。我们整天有各种各样的念头，太容易迷茫、失落、不自信，也许早上还是信心满满，下午突然就失去了人生的方向。

我们有各种各样的问题，却很少有人问自己："我真的了解自己吗？""我能做些什么？""我想要的是什么？""我想成为什么样的人？"

老子说："知人者智，自知者明。胜人者有力，自胜者强。"其实大多数人并不自知。当我们的人生充满迷惑的时候，我们无法找到一个能真正打开心扉的人。就算是面对心理咨询师的人，也会出现"阻抗现象"。因为我们很难和另一个人坦诚相待，我们的焦虑、孤独、消极情感恐怕对方无法感同身受，我们怕说出这些会惹来嘲笑、谩骂、批评和羞辱。我们需要一个永远不会背叛自己的人，而那个人就是自己。

但并不是说面对自己就会诚实，其实很多人连面对自己的勇气都没有。

独处可以让你完全沉浸在自己想做的事情里而不被外界干扰，只有独处的时候我们才能感受到自己作为个体的存在。不用在意外界的目光、外界的看法，不必在意谁的缺席，你自己就是整个世界。你的喜怒哀乐在独处的那一刻不再是为周围的人而依附、滋生，是完全属于自己的情绪。

关系再好的两个人，也无法达到灵魂的赤诚相见。父母也好，朋友也好，因为在意对方的看法、照顾对方的情绪，反而限制了彼此的自由。

你才是自己最怡然自得的伴侣。

你真的了解自己吗？放慢脚步，偶尔从纷繁热闹的世界中抽身出来，认真地和自己独处一次，看一看自己，触摸自己的灵魂，你可以从旁观者的角度发现自己的性格，擅长什么，不擅长什么，恐惧什么。这样你就会豁然开朗，制订出最适合你的人生目标。

青少年是一棵还没长成的树，分分秒秒都在变化，所以要坚持

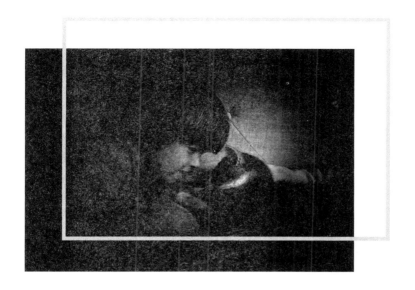

隔一段时间就给自己一个独处的机会，看看自己这棵树苗已经发出多少枝丫，开了多少朵花。

美国心理学家卡尔·罗杰斯（Carl Ransom Rogers）说："情商的核心前提是'认识自己'，辨认和开阔地接纳自身的情感正是现代情商的组成部分。"

为什么青少年常常会有无力感，感觉对生活无力掌控，对人生无法把握，对自身的命运感到彷徨和疲惫？归根结底就是他们没有了解真实的自己。眼睛长在头上，他们看到的往往是外物，很难掉转视线正视自我。他们总是看到别人优秀、强大、辉煌，因此妄自菲薄，看不到自己身上的闪光点。另一个极端则恰恰相反，他们看不到自己身上的缺点，无法了解自己的弱点。

当你认识自我并努力弥补，发挥自身的优势时，那些无力感自然会慢慢消失。

维琴尼亚·萨提尔（Virginia Satir）是美国一位闻名于世的心理治疗师，用冰山理论（Iceberg Theory）的隐喻披露了人类行为的内在经验与外在历程这两种体验的不一致而引起的种种困顿。

我们对外在的应对方式，也就是人们显露在外的行为，就像我们看见的冰山露出水平面以上的部分。譬如我们很容易看到一个人的长相、身高，他穿的衣服、说的话、做的事情。看似我们了解很多，但这些能直观看到的"冰山"，不过是整座冰山的八分之一。

真正代表人类内在心理部分的是整座冰山的八分之七，它们是：一个人的感受，对感受的评价；一个人对事物的观点，他的想法，他遇到事情的假设，他的信念，他的人生理念；一个人对自己、他人的期待，他人对我的期待；一个人真正的渴望，这是人类所共有的渴望，渴望被爱、被关爱、被认可，渴望过有意义的生活，渴望自由。

而冰山的底部，是一个人真正的自我。那是他的精神内核，是他的生命力量的来源，是他的灵性和本质。

如同海面有起有落，那座冰山在水平面上以及水平面下的行为都是时隐时现的。如果我们想了解一个人，不能单看冰山的一角，而应该更深层次地了解隐藏在冰山下的内在行为。

对待外人如此，对待自己也是如此，我们同样只看到自己的外在，如果不深入了解自我，是不可能真正认识自己的。

认识自我的意义也就在这里：清楚地认识自己的人生走向，明白什么是适合自己的东西，什么是自己擅长的事；避开性格中的缺陷，远离让你失控的环境，加强发展稳定的性格特质，逐步形成自我肯定的概念。

没有谁是一文不名的，每个人都有独特的价值，一切存在都自有意义。但是有人看不到自身价值，把外在无限放大，以至于丧失提升自我的动力。那些能看到自我的人，便是拥有高情商的，也是离成功最近的。

"我看见自己，是因为有人看见我。"

如何才能真正了解自我？你看到的自我又真的是自我吗？为什么好像我明明试着去认识自我，还是会觉得迷失在自我之中？

那是因为人作为社会动物总是存在于一个集体之中，我们很容易受到周围人的暗示。今天你看到周围人染了黄头发，觉得染黄头发挺美；明天看到周围人穿着超短裤，觉得穿超短裤很酷；大后天发现好多人文身，然后觉得文身也没什么不好，好人也可以文身……周围人的行为总是在潜移默化地给你暗示，让你偏离原有的标准。

其实也许你皮肤太黑，并不适合黄色的头发；也许你穿超短裤会暴露体形的缺点；也许你是疤痕体质，文身会很难恢复。适合别人的东西，不一定适合你，这种认识在周围人的影响下很难坚持下去，从而出现了自我认知的偏差。

我们要聆听内心的声音，以便看到真正的自己。

认真了解自己，我们就会发现自我，也就能敏感地发现自己的情绪反应。情绪有着无穷的力量，想要掌控它，一定要了解它。要知道，情绪从来不会孤立产生，也是能把握的。

操纵情绪的是你的思想，掌控它的就是情商。情商会及时识别情绪产生的根源，发现什么是触动某种情绪的诱因，尤其是当那些强烈的感觉被触发时，情商会告诉你是什么激发了你的感受。

情商同样也能调节它的去向。通过独处时光，聆听内心的声音，你能清楚地了解这些触发情绪的诱因，下次就能对突发的各种情况进行妥善处理。只要明白什么会使你进入良好的状态，保持它们，避开其他因素，你就能有一个非常良好的状态，别人的言谈举止都无法令你失控。

被赐予的力量：
你可以像他一样优秀

　　心理学家戈尔曼用两年时间进行了一项分析，被分析者覆盖全球近500家企业、政府机构和非营利性组织的从业者。统计数据发现，这些领域的成功者除了具备极高的智商外，无一例外有着卓越的情商。

　　他进一步对全球15家顶级企业的数百名高级主管进行了研究，这些企业包括百事可乐、IBM（国际商业机器公司，International Business Machines Corporation，简称IBM）等。他发现这些企业中的普通领导者和顶级领导者的差异，不再体现在智商上，而是情商决定了他们的差距。

　　我们发现一些领导者也许并不是人群中最聪明的，而是最会关心别人、与别人关系最融洽的人。这些人知道如何和人相处，如何服务员工、调动员工的积极性，发挥群体的力量。

　　一个成功的领导者，情商对他来说尤其重要。领导的精髓不再只是比员工拥有更丰富的知识，相反，知识最渊博的人也许只是个

情商：一本给孩子的人生格局书

员工。成功的领导者的卓越之处在于能领导员工，使员工们更有效率地工作。成功的领导者们在领导力、自信、团队凝聚力、成就动机、影响力等方面，都有卓越的体现。

作为普通人，我们提高情商的一条捷径就是寻找高情商的榜样，以此对自己进行激励。

马克思（Karl Heinrich Marx）说："人的本质是一切社会关系的总和。"我们生活在世界上，不断被人影响，又影响着别人。被人影响，就是被那个人的行为感召，你认同他的言行、品格。这种感召一旦重复深入，就会形成感召力。

俗话说"一个榜样胜过书上的二十条教诲"，我们在提升情商的过程中，寻找高情商的人作为榜样能达到事半功倍的效果。当榜样感召了你，你就会放大他们身上的优秀品质，将其具体化、形象化，从而被感染、鼓励，这样就有了提升的能动性。

榜样可以成为一面镜子，让我们照出自己的不足。在反复检视的同时，对照着榜样来查找自身的不足，这也是情商中自我觉察的一个有利补充。

俞敏洪说："我一直在向优秀的人靠近，我这辈子一直在追随优秀的人的脚步。从进入北大开始，我的很多同学就成为我学习的榜样。到我大学毕业以后，很多北大的老师也成为我学习的榜样，否则我不会从一个在课堂上给五十人上课，只剩下三个学生的人，而最后成为北大的优秀老师。创立新东方以后，我不断向新东方的各种人学习，不管年轻的、年老的，对我来说没有区别，唯一的区别就是他们身上有没有值得我学习的东西。我可以从这个人身上学这个东西，从那个人身上学那个东西。现在我在中国和世界更大的范围内跟很多著名的企业家、政治家、思想家打交道的时候，跟很多成功人士打交道的时候，从他们身上看到了一些优秀的东西。"

因为向优秀的人靠近，你也就离优秀越近。

作家王朔曾写过一篇文章，名为《榜样的力量是无穷的》。在文章里他讲述了自己年轻时，感到生活空虚、前途悲观，每天都在瞎混日子。他每天的娱乐方式就是看小说，如同今天的年轻人每天听歌、看电视一样。有一天，他无意中在当时的一本流行杂志《小说月报》上看到一篇小说。看完小说他感到心情很不好，再翻到作者简介，发现作者是一个名叫铁凝的女孩子，这个作者只有二十六岁。他被深深震撼了，又感到有一点点嫉妒。为什么别人年纪轻轻却那么有出息，自己却这样一无是处呢？于是他下定决心，不再蹉跎岁月，把铁凝当成自己努力的方向，希望有一天能追上她或者超越她。

后来王朔在文学上渐渐取得了一些成绩，当初那小小的妒忌心理也不见了。他一直在读铁凝的文章，以为她有了世俗的行政职务之后大概写不出什么好文章了。谁想到再次读到她的文章后，王朔发现她不仅没有被世俗拖累，反而写出了更深刻的文章。

这让王朔感到非常震惊，也对自己有了更高的要求。

铁凝是中国作家协会主席，是继茅盾、巴金后的第三位中国作协主席。王朔也成了当代著名的作家、编剧，在榜样的影响下成就了更好的自己。

成功不是目的，
坚持成功才是目的

　　没有人不渴望成功，但有些人的渴望是一时的，有些人的渴望是一世的。那些一时的渴望只能推动你一时进步，只有对成功有一世的渴望的人，才能真正成功。

　　俄国的世界级短篇小说巨匠契诃夫（Anton Pavlovich Chekhov）说过："对自己的不满足，是任何真正有天才的人的根本特征之一。"

　　人们偶尔做一件事很容易，坚持做一件事情却很难，然而这世界上所有的成功都离不开坚持。情商的改造之路也和成功之路一样是漫长的，甚至是孤寂的。

　　在行为心理学中，有一个21天效应的概念。一个新的行为或者理念得以形成并延续成习惯，至少需要21天。也就是说，如果你坚持做一件事情21天，它就会变成你的一个习惯性动作。这21天被心理学家划分为三个阶段。

　　第一阶段：1~7天。在这个阶段里，我们需要刻意提醒自己去做这件事情，一旦忘记提醒，就会忘记做。人们会表现为行为刻意并且不自然。

第二阶段：7~21天。在这个阶段里，我们仍然要提醒自己去做这件事情，需要自己的意识去控制，但是已经感觉这是一件自然而然的事情了。人们的行为表现为刻意但自然。

第三阶段：21~90天。此时，我们在做这件事情的时候已经不需要意识来掌控了，做起事情来不经意又自然，一个新的习惯或者观念就此真正成为我们的习惯。

全世界闻名的英国女作家J.K.罗琳（Joanne Kathleen Rowling），是"哈利·波特"系列小说的作者，有一次她在社交网站上晒出了自己收到的退稿信。

她以"罗伯特·加尔布雷斯（Robert Galbraith）"为笔名，写了一本侦探小说《布谷鸟的呼唤》（*The Cuckoo's Calling*）。作品完成后，她向一家出版商投稿。因为她使用的是一个名不见经传的笔名，出版商根本不知道这个作者就是世界级的畅销书作者，这本小说被退稿了。

出版社在写给她的退稿信里写道："出版这本书（《布谷鸟的呼唤》）不会有销路。"并且还建议她去参加写作课程，这样可以得到对这本小说具有建设性的批评建议。

罗琳又用同样的笔名向另一家出版社投稿，这次她拿到的退稿信更简单。这家出版社告诉她，他们目前属于另一家出版社，暂时不接受新的投稿。

2013年4月，《布谷鸟的呼唤》终于出版了，署名是"罗伯特·加尔布雷斯"。但是这本书的销售情况非常惨淡。直到媒体曝光"罗伯特·加尔布雷斯"就是J.K.罗琳后，这本书的销量才开始激增。后来《布谷鸟的呼唤》又被BBC（英国广播公司，British Broadcasting Corporation，缩写BBC）看中，BBC准备将其拍摄成电视剧。

罗琳向公众公布了出版社的退稿信，但是特意抹去了回信人的姓名。她反复向读者强调，自己之所以这么做，并不是为了报复谁，而是希望通过这件事激励其他想要创作的人。抛开那个带着光环的名字，大家都是普通作者，遇到挫折在所难免，只要坚持下去，就会成功。

实际上，这并不是J.K.罗琳第一次收到退稿信。她的第一本书《哈利·波特与魔法石》（*Harry Potter and the Sorcerer's Stone*）前后写了5年，故事完成后，她满怀希望地将其寄给出版社，得到的却是一次又一次的退稿信，一共被拒绝了12次。最后一家叫布鲁姆斯伯里的小出版公司同意出版这本书，那是因为布鲁姆斯伯里出版社的主管将《哈利·波特与魔法石》的书稿交给了她的孙女。小女孩看得爱不释手，这样这本书才在一年后得以出版。如今"哈利·波特"系列小说全球的销量已超4.5亿本，可以说是世界上最畅销的小说之一。

罗琳出生在英国一个非常普通的家庭，按部就班地上学读书，学习成绩也不耀眼夺目，她上了一所普通的大学，毕业后从事着一份普通的文秘工作。结束了初恋，又遇到母亲去世的双重打击后，她选择了一段草率的婚姻。

但是这段婚姻很快也结束了，留给她的是一个嗷嗷待哺的婴儿。她穷困潦倒，和女儿相依为命，住在英国爱丁堡一个没有暖气的公寓里。现实的苦难让她患上了忧郁症。但为了自己所爱的人，她必须活下去，于是勇敢地走出去，接受了为期9个月的心理治疗。

也就是在这样的环境里，罗琳坚持自己的梦想，写出了"哈利·波特"系列小说，最终成为当今世上身价第一的畅销书女作家。

就像林语堂说的："梦想无论怎样模糊，总潜伏在我们心底，使我们的心境永远得不到宁静，直到这些梦想成为事实。"

实际上世界上很多知名文学家、作家在他们出版处女作之前，不知道被拒绝过多少次！

余华、苏童在创作的早期，一部书稿投了十几次，还是被杂志或出版社退了回来。麦家的成名小说《解密》被出版社拒绝过17次；史蒂芬·金（Stephen King）的《魔女嘉莉》（Carrie）被退稿30次；安妮·法兰克（Anne Frank）的《安妮日记》（Anne's Diary）被退稿15次；威廉·高丁（William Golding）的《苍蝇王》（Lord of the Flies）被退稿20次；凯瑟琳·史托基特（Catherine Stuckett）《姊妹》（Sisters）被退稿60次……而罗伯特·波西格（Robert Bossig）的《禅与摩托车维修的艺术》（Zen and the Art of Motorcycle Maintenance）则被拒绝了121次！

亨利·福特（Henry Ford）在成功之前，破产过5次；经历过无数次的失败和挫折，丘吉尔六十二岁时才成为英国首相。

在所谓的成功要素里，百折不挠、持之以恒才是真正不可取代的。情商的改造和提高也不是一蹴而就的，我们都是在坚持不懈中，在每一次的挫折和失败里，吸取经验，补充不足。

坚持是困难的，也许还是枯燥的，因为你需要不断和自己的惰性做斗争。我们渴望成功，成功却并不是我们的目的，坚持成功才是我们的目的。我们坚持每一天的改变，是为了塑造更美好的自己。哪怕你觉得道路漫漫，偶尔会灰心丧气，也请不要放弃。

每个人都有自己的时刻表，你的列车只要发出，它就一定会到达终点，即使比别人晚一点儿也没关系。

第二章

没有天生的聪明

——要观察、要思考、要改造大脑

世界越来越复杂，我们却渐渐遗忘了无知。人生只有一次，它开始于你对自己的了解，并会做出改变。得到的不够，是因为做得不够；想要得多，付出得就要更多。

像海绵一样：
首先你要变得柔软

　　坚强是一个被人称道的品格，但是很多人活着活着就把坚强活成了坚硬。因为在成长的过程中，每一次诸如磨难和失败、被拒绝等负面的经历都会让心坚硬一次，最后一颗心就变成了石头，看似坚不可摧，实际上它硬邦邦的，冷酷地对抗着世界。

　　但是坚硬的石头只会在岁月风沙的洗涤磨砺里变得越来越小，无法包容其他的一切，当压力足够大的时候，最终只会变得四分五裂。

　　如果我们的心是一块海绵会怎样呢？它的内心是柔软的，有足够的空间容纳和承载这些磨砺。当它吸收外界的水分时，会变得很大，超出它原有的体积。当无法再承载任何东西的时候，它会让水溢出，不会让自己爆裂。当有重压时，它懂得释放，可以变得很扁，但从来不会断裂。等到压力消失，它会瞬间变回原来的样子——这就是柔软的力量。

　　一个农学博士为了做一项研究来到一个实验园里，负责实验园的是两个没什么学历的老技工。

一个周末闲来无事，这个博士带着渔具去实验园旁边的池塘里钓鱼。等他到了地方，发现那两个老技工已经在那里钓鱼了。

老技工看到博士，热情地跟他打招呼，而他只是点了点头。他在心里很瞧不起这两个老技工，觉得自己是一个堂堂的博士，和他们没什么好聊的。于是他找了个角落开始钓鱼，不和那两个老技工说话。

没过多久，博士就看到鱼漂动了，使劲往后收线，可是等鱼钩出现在水面上时，他才发现鱼钩上根本没有鱼，鱼早就跑了。他转头看了看那两个老技工，两人隔一会儿就收一次线，每次都能钓上一条大鱼。鱼儿在水桶里活蹦乱跳的，博士看到他们的鱼桶都快装满了。

"鱼跑了？"其中一个技工问。技工想告诉这位博士，他收线的方法错了，所以鱼才会跑掉。

博士觉得他们一定在嘲笑自己，是想看自己的笑话。他们不就是比我来得早才钓到那么多鱼的吗？有什么了不起？博士想。于是他嗯了一声把重新放好鱼饵的鱼钩扔进了池塘里，并不想搭理他们。

老技工看他冷漠的样子，也不好说什么，接着钓鱼。很快，两个老技工的水桶里都装满了鱼，再也放不下了，于是他们决定不钓了。

博士虽然在钓鱼，可是心里还在留意那两个老技工的动静。鱼儿又咬了几次钩，可是每次都被它们跑掉，他渐渐失去了耐心。

当他发现老技工已经开始收拾东西准备回家时，他开始着急了。他隐约觉得也许是自己的钓鱼方法不对，应该去请教一下他们。可是他又觉得很不好意思。这也太没面子了吧，我一个博士居然连两个技工都不如，连一条鱼都没钓上来！

这时候他感到有鱼儿上钩了，心中一阵窃喜，赶忙往后收线。收了一半却收不动了，他觉得自己一定钓到了一条大鱼，激动得使尽全身的力气去收线。他想离池塘近一点儿，这样好把鱼拖上来，没想到一不小心整个人掉进了池塘里！

两个老技工看到，忙跑过来把他从池塘里拉出来。他们问他为什么会掉到池塘里，博士不好意思地告诉他们，他只是想把鱼拉上来，谁知道会被鱼拉进水里。

其中一个老技工拿起他掉在水里的鱼竿，拉了拉说："你这不是鱼咬钩了，而是鱼钩被水底的水藻缠住了，所以拉不上来。"只见他左右摇摆了几下，就把鱼线收了回来。博士一看，果然鱼钩上挂着一串被扯断的水藻。

博士终于服气了，问道："为什么你们能钓到这么多鱼，我却一条都没钓到？"

老技工笑了："刚才我们就想告诉你，你收线的方法不对。鱼漂动了，说明有鱼上钩这个没错，但是鱼开始咬钩的时候，不要急着收线，要放掉一两口，等它们丧失警惕性才会大口咬饵，这样才能把鱼钓上来。"

博士终于服气了，认识到自己学历高并不代表所有的事情都懂，仍然还有很多不明白的事。于是他按照老技工的方法开始钓鱼，果然很快就钓到了大鱼。

而他也一改往日的心高气傲，在工作和研究中虚心向其他人请教，和同事们一起做研究。不久，博士领导的研究课题有了重大的科技成果，获得了国家大奖。

托尔斯泰（Leo Tolstoy）说过："正确的道路是这样——吸取你的前辈所做的一切，然后再往前走。"

我们知道水泥地面坚如磐石，但是也会发现有柔弱的小草从坚硬的地面裂缝里钻出苗儿成长，是因为柔软的力量。

刘向《说苑·敬慎》里记录了这样一个故事。

春秋时期，著名思想家老子的老师常枞病重，老子去看望他。

老子问道："先生病得如此重，还有什么要告诉弟子的吗？"

常枞说："就算你不来问我，我也正要告诉你。"然后他对老子说，"经过故乡时要下车，你记住了吗？"

老子回答："经过故乡时下车，就是要我们不忘旧。"

常枞说："对呀。"又说，"看到乔木就迎上前去，你懂吗？"

老子说："看到乔木迎上去，就是要我们敬老。"

常枞点了点头说："是这样的。"然后，他又张开嘴给老子看了看，问道，"我的舌头还在吗？"

老子说："当然还在。"

常枞又问："我的牙齿还在吗？"

老子回答道："早就没有了。"

常枞再问老子："你知道是什么原因吗？"

老子回答说："舌头之所以存在，岂不是因为它是柔软的吗？牙齿之所以掉光，岂不是因为它刚硬吗？"

常枞感慨道："好啊！就是这样的。世界上的事情都已包容尽了，我还有什么可以再告诉你的呢？"

我们希望青少年都具备坚强品格，但是也不应该排斥柔软。很多时候，柔软也是坚强的一种表现方式，甚至比单纯的"坚强"更坚强。

当我们面对打击的时候，"宁折不屈"是一种坚强，"宁为玉碎，不为瓦全"是一种刚烈，但以柔克刚、能屈能伸更是一种智慧。

在巨大的困难面前，保存实力不以身对抗而是用智慧化解，征服它、战胜它，是一种更高的境界。

这种"柔软"，正是情商所追求的一种高层次状态。

如果你心里只有自己，你的天地也只是你自己的天地。当你想到其他人时，心胸就会随之开阔。

世界很大，有很多我们期望的美好事物，也有很多我们想逃避的丑陋事情。一颗刚硬的心注定无法和这个世界共存，因为它无处容纳自身以外的东西，便会丧失对这个世界的好奇。

这一代的青少年，远比我们父母那一代来得聪明，但是也相对脆弱。我们没经历过风雨，因为物质生活极大丰富，父母、家庭里的老人都全身心地投入到了这仅有的一两个孩子身上。

我们很小的时候，世界总是围绕着我们转。我们什么都不需要担心，被一群人悉心呵护着，但是也容易迷失自我。我们不大容易有机会去接受例如"什么叫责任心"等这个层面上的训练。

我们的人生道路似乎早就被安排妥当了，我们没有想过或者没有机会自己思考人生，更无法知道世界的纷杂情况。

可是人生还有很多很多层面，我们会误以为自己就是全世界。因为觉得那就是宿命，如同一条直线，一眼能望到结束，没有悬念又没有目标；我们觉得自己像个提线木偶，线提在父母、老师手中，而我们只要服从、得过且过就好。

心封闭了，世界也就不存在了；内心柔软，便不会抗拒这个世界。保有对世界的好奇心，便会变得谦卑。一颗谦卑的心，才有满满的空间容纳世界万物。

柔软的心最有力量，只有当心情平静而柔软的时候，我们才有机会看清世界的本质。在人类大脑开始区别"你""我""自身"和"外界"的时候，对立就因此产生了。有一颗最柔软的心，再加上容纳百川的空间，你就会是世界上最坚强的人，也有能力保有一颗能识别情绪的心。

挑战权威：
怀疑、质疑和异议

孟子说过："尽信书，则不如无书。"无论是对哪一本书，还是对哪一种知识，我们都必须经过思维进行筛选，都要去思索、怀疑、质疑、异议。

怀疑是"事情真的是这样吗"，质疑是"事情有可能是其他样子的"，异议是"事情其实是这样的"。只有经过这三步之后，那本读过的书才是自己的书，学过的知识才能真正成为自己的，否则就变成了盲从和迷信。

盲从和迷信最大的可怕之处不在于所吸收的知识的具体内容如何，它的可怕之处是让人的思维变得懒惰而迟钝。

我们知道，每一次的科学进步都离不开对权威的怀疑并勇敢发出新的见解。

文艺复兴时期，波兰著名天文学家哥白尼(Copernicus)最初的职业是一位神父，但他是一个敢于挑战权威的人。他选择了教堂围墙上的箭楼作为自己的工作室兼卧室，在里面设置了一个小小的天文台。

在这里，他用自制的简陋仪器开始了长达30年的天体观测。计算出太阳的体积比地球大161倍后，他开始怀疑，这么一个比地球大的物体会围绕着地球旋转吗？

哥白尼的职业是神父，却没有把当时的"地心说"当成圣经，而是大胆怀疑，最终在这座小小的箭楼里写下了震惊世界的巨著《天体运行论》（*On the Revolutions of Heavenly Spheres*）。

在这本书选用的27个观测事例中，有25个是他在这座箭楼上观测记录的。在《天体运行论》中，哥白尼大胆提出了"太阳是宇宙的中心，所有行星都围绕太阳运转；地球不是宇宙的中心，而是绕太阳运转的一颗普通行星"的说法，创立了"日心说"的理论。

中国明代的学者陈献章曾经说过："前辈谓学贵有疑，小疑则小进，大疑则大进。"

一个人是不是拥有质疑的能力，是不是有对权威的不驯服的能力，其实是他个人学习思维和创新思维发展的关键要素之一，因为质疑往往是人们培养创新思维的突破口。如果没有质疑，一直被权威的言论和思想统治，那么人类是根本不可能进步的。

1930年，物理学家卢费福（Lucifer）说："用打碎原子的办法产生能量是希望渺茫的事情，任何人期望从原子的嬗变获取能量是荒唐的臆想。"但是结果呢？此后15年，人类就完成了原子弹爆炸的研究。

19世纪末，欧洲著名的科学家们欢聚一堂。在会议上，英国著名的物理学家开尔文（Kelvin）发表了新年贺词。在他的贺词中，他回顾了物理学所取得的伟大成就。他骄傲地告诉世人："物理大厦已经落成了，所剩下的只是一些修饰工作。"他认为无线电没有未来，X射线就是骗人的东西……

美国第八任总统马丁·范布伦（Martin Van Buren）说：

"火车的速度已经提升到15 MPH（24公里／小时）了，这太快了，太危险了！火车的声音那么大，沿途说不定会点燃庄稼、吓死家畜、吓哭女人和孩子！这简直太危险了，我建议大家不要乘坐。"

然而现在中国南车制造的CIT500型高铁的试验速度达到了605公里／小时！

爱迪生（Edison）是全球闻名的发明大王，发明了电灯，却极力反对交流电的普及和推广，因此与另一位伟大的发明家、科学家特斯拉（Nikola Tesla）水火不容、分道扬镳。

科学家爱因斯坦（Einstein）曾经竭力反对波尔等人提出的量子力学统计解释，也曾断言："几乎没有任何迹象表明能从原子中获得能量。"

原子核物理学之父卢瑟福（Rutherford）也曾说过："谁企图研究从原子转换中获得能量，那他是在干一件荒唐的事情。"

总结出这些在我们现在看来目光短浅又好笑的结论的人都曾经是权威，他们都曾经在自己的领域里叱咤风云，曾经是人类智慧的代表。

然而即使是权威也有犯错的时候，权威不可能永远是权威，而是有时间和空间限制的。如同今日的沙砾是昨日的大山一样，都会被历史前进的时光打磨，如果一个人故步自封就会裹足不前，甚至被历史抛弃。

牛顿晚年热衷炼金术，认为推动宇宙运转的第一力是上帝之力。他爵爷的称号并不是他有空前的科学成就，而是他作为货币厂官员与假币贩子斗智斗勇为政府减少了巨大损失才得到的。他与莱布尼茨（Leibniz）的微积分版权之战也让英国的数学发展落后于欧洲其他国家。

循规蹈矩的人往往不会犯巨大的错误，但是也仅仅陷于不犯错而已。很多人满足于目前的成就，顺从权威，以为就得到了人生安稳的法宝。

但是在当今社会，青少年如果仅仅满足于"不犯错"的现状，惧怕开拓未知，不敢挑战权威，就是将自己的潜能锁在了盒子里。在我们的生活里，除了专家学者，还有各种各样的权威，比如学历、官职、身份、金钱、权贵……

如果我们只会盲目顺从，而不带思考的大脑，很快就会丧失独立思考的能力，我们的思维也会越来越受禁锢，时间一长就会产生惰性。

因为循规蹈矩，所以哪怕犯了错，你都可以有借口——"专家是这样说的""书上是这样写的"。如果因挑战权威而犯错，你就必须承受周围的压力。很多人不愿意承受外界的压力和指责，所以干脆做一个"安分守己"的人。

很多人之所以无法取得巨大的成就，和迷信权威有关，因为

在权威面前，他不敢质疑，哪怕心中有疑惑，却慑于权威而不敢表达。他们会在第一时间认为自己是错的，心中的自信就无法建立，渐渐就丧失了创新的能力。

当然，我们少不了权威，因为工作、生活、科技等方面都需要有导师、专家、顾问。但是尊重权威不代表盲从和迷信。有句话说："当一位杰出的老科学家说可能的时候，差不多总是对的；但当他说不可能的时候，差不多总是错的。"人类的思想和智慧很容易被这种盲从和迷信束缚。

我们很多人也许会对平辈和与自己差不多的人产生怀疑，去思考他们说的话到底对不对。然而对权威，很多人很少产生怀疑的想法。因为权威往往是在某个领域内已经占据了主导地位。我们觉得权威都是经历过一些考验的，既然经历过考验，那么他们的观点和结论自然是正确的。

但是我们不要忘了，权威往往是在限定的时间和空间内的权威，并不是完美无缺、亘古不变的。

权威的意见固然可以参考，但是青少年要记住，参考毕竟只是参考。如何做出结论和决定，靠的还是自己，别人或者权威的意见并不能保证你要的结果，也不会对你负责。无论我们做怎样的选择，最终负责的那个人是我们自己。

权威很多，权威之外还有权威，你如何在复杂的世界里寻找自己想要的真理？青少年要多想、多问为什么？这样是对的吗？如果我不这样做，而是那样做，结果会怎样？

不论是面对街头巷尾的流言，还是对微信群里的"专家说"，我们都要保有怀疑、质疑和异议。相信自己的判断，学会独立思考、判断，就是一种自我突破，也是实现自我价值的一条重要道路。

无限存储、
随时提取的记忆方法

现在我们都知道情商的重要性，但是那并不代表智商就不重要。情商和智商是相辅相成的。虽然智商的高低受到先天的影响比较大，但也不是一成不变的，更不是说天生怎样的以后就是怎样的。智力的发展是不能被限定的，因为通过自身的努力和合理开发，智力是可以得到持续提升的。

美国心理学家纳尔·什维尔（NAR Shevel）通过对双胞胎智力发展的研究发现，基因相同的双胞胎会在成长过程中表现出完全不同的智力水平。他继而得出结论：智商的50%取决于先天基因，而剩余的50%靠的是后天习得。

不知道你有没有遇到这样的情况：

咦，家里的电话号码是多少？

我好像在哪里见过他，但他是谁呢？

刚加了一位好友到微信上，改了个名字我就完全对不上号了！

如果说智商天生不够高这件事情你无法改变，那么记忆力是可以训练的。将提升记忆力作为提升情商的前提，有助于我们更好地理解这个世界。记忆力没有天赋，只有方法。

我们把每天透过外界教授或从自身经验提高能力的过程称为"学习"，也就是通过阅读、听讲、思考、研究、实践等途径获得知识或技能的过程。

在学校的考试中，或者参加重要的入学测验时，大家的用功程度似乎都差不多。我们想在考试中取得好成绩，不把学过的内容记住是绝对行不通的。理解很重要，但只理解是不够的，因为理解是在大量记忆的基础上才能完成的。

明天要考试了，可是课文还是背不下来，你拿着书发愁，要是能有过目不忘的本领就好了！那么什么历史年代、事件，什么语文课文，什么英语单词都不在话下，你就能一跃成为学霸了！

妈妈拿着书本拍了一下你的脑袋："又在做白日梦了！起紧背书！"

"妈妈，我记不住，背不下来！"你哭丧着脸说道。

"那就说明你根本没努力！多读几遍肯定能背下来！"妈妈如是说。

人们通常认为，如果接触某样东西——譬如一段课文或者历史事件够久，重复次数够多，就能牢牢将其记住。但实际情况并不是这样。

有的老师和家长推崇快乐学习，认为如果学习环境轻松愉快，那么学生大概会学得比较好吧，然而经过各种研究发现并非如此。相反，在某些困难的情况下，学生反而记得更牢固、学得更好。

我们绝大部分人相信，只要坚持不懈地反复练习，就一定能记住知识。大多数人在集中突击练习某个知识的时候，可以看到快速的成果，就好像有句俗话说的："临阵磨枪，不快也光。"

然而研究发现，这种快速的成果是非常短暂的，很快就会消失。

可是学习和记忆力之间到底是什么关系呢？

为什么我们在教室里只听一遍记不住知识内容？老师、家长们总是说要多复习，复习是学习的关键，可是好像总发生这种状况：我们好不容易将知识记住了，过一会儿却忘光了；再看一遍好像又想起来了，也只是想起来，根本没记住。等合上书了以后，我们忍不住要问自己：刚才在看的是什么东西？！于是又开始复习，又陷入遗忘。

实际上这是陷入了过度用功的泥潭。家长们听见要皱眉头了："用功都谈不上，还'过度用功'？骗谁呢？都过度用功了，怎么还记不住？！"

其实从学习理论来看，想要记住某些东西，复习是很重要的一环，但是复习的时机和方法是很重要的。

我们习惯于白天上完课，放学后马上回家复习，而实际调查发现，这种学完马上复习的效果并不太好。

"过度用功"的专业术语被称为"集中练习"（Massed practice），是指在掌握了某个知识点后立刻反复、大量做同样或者相似的题目来持续学习。比如针对某个知识点的题海战术，就是一种刻意的集中练习。

但根据心理实验得出的结果发现，集中练习是有一定局限的。集中练习也许对普通、短期、大多是死记硬背的知识点的考试来说是有用的，但对准备高考这种需要储备长期、大量知识的关键考试是没有用的。

研究显示，如果我们将练习的过程切割为几个阶段，并加以间隔，那么记忆的成效反而会大增。通常我们集中练习是为了快速掌握某种知识，却忽略了伴随而来的快速遗忘。

增加每次练习的时间间隔，与其他学习内容交错进行、变换练习种类，能够使学习成效更好、记得更久，应用范围也更广。

我们穿项链的时候把一颗又一颗的珍珠穿起来，可是一不小心，珍珠就会从线的另一端滑掉。如果我们把另一端打个结，珍珠就再也不会滑掉了。记忆也一样，"提取"就像是在我们的记忆里打一个结，重复提取会穿起成串的记忆。

对人类的记忆力，其实还有短期因素的影响。比如我们睡眠不够时明显会感到记忆力下降，因此睡眠、心情、身体状况等都会影响我们的短期智力。只有把它们维持在正常状态，我们的智力才能正常发挥。

我们一旦发现自己的智力比往常低，那么就是身体发出了警告信号，告诉我们的大脑，身体需要休息了。这时候我们就不要再强迫自己看书学习了，先把身体调养好，智力自然能快速回到正常水平，这样也能达到事半功倍的效果。

心理学家赫尔曼·艾宾浩斯（Hermann Ebbinghaus）通过实验提出了遗忘曲线（Forgetting curve）理论，这是用于表述记忆中的中长期记忆遗忘率的一种曲线。人类的记忆过程、记忆保持的时间是不同的，有短时记忆和长时记忆两种。

人类平时记忆的过程是：输入的信息在经过主观学习的过程后，便成为人的短时记忆，再经过进一步强化后成为长时记忆。长时记忆的保持时间有长有短，如果不及时复习，这些记过的东西就会被遗忘。而经过及时复习，长时记忆就会继续保持下去。

所谓"遗忘"，就是对我们曾经记过的东西想不起来，或者回忆错误。实验结果发现在我们学习了某个知识时：

20分钟后，42%被遗忘掉，58%被记住。

1小时后，56%被遗忘掉，44%被记住。

1天后，74%被遗忘掉，26%被记住。

1周后，77%被遗忘掉，23%被记住。

1个月后，79%被遗忘掉，21%被记住。

遗忘的速度如此迅速，那么我们如何才能阻断遗忘呢？

心理学家发现，从记忆里提取知识的行为，更容易唤起该知识在大脑里的记忆。这种作为学习工具的提取记忆的力量称为"测试效应"（Testing effect），也就是说，比起重复学习所学的内容，通过练习提取记忆可以让学习效果更牢固。

亚里士多德（Aristotle）说："重复回想事情的练习会强化记忆。"

不动脑筋的背诵是没有用的，我们必须有间隔地重复，对记忆进行提取。因为这个主动回想的过程能帮助记忆，并在大脑中固化为一种具有结合力的表现形式，强化神经路径。

研究人员对比发现，集中学习后的人马上考试，会得到更高的分数，却比采用提取记忆方法的人忘得快。在集中练习测试两天后，进行了第二次测试，那些集中练习的学生忘记了知识的50%。而使用了提取记忆方法的学生，第二天只忘掉13%。

其实智力、记忆力都不是固定的数据，只要我们练习得当，人人都能超越自我。

大多数学生在学习的时候喜欢在书上画线或者标记重点，甚至做笔记。他们花费了大量时间反复阅读这些材料，因为这感觉上就是在学习，实际上这种学习效率非常低。重复阅读所获得的对教材的熟悉感，会让我们产生错觉——好像都记住了，可是合上书我们会发现脑子里一团糨糊。

但如果我们使用了提取法，就能针对重点内容进行自我测试，帮助我们专注于核心原理。不断地做小测试则是最可靠的方法，因为我们可以很快发现到底哪些内容是已经记住的，哪些内容是我们不知道的。在不断回想的过程中，我们就能把它们牢牢地留在记忆里了。

我们学习新知识时，使用无限存储、定期进行提取练习的方法，将会使我们远离考前通宵熬夜、死磕参考书的沼泽。

给预见未来
开辟一条思维新路

苏格拉底（Socrates）说："没经过反思的人生不值得过。"

经验是我们人生当中的重要学习资源，但是网络上有一句很有名的话说得也很好："假如你的问题是接受过去，那么理解过去完全是可以的；但如果你的问题是想改变未来，那么理解过去可能无法解决你的问题。"

就算你得到了非常多的经验，如果不加以思考和检查，那么经验只不过是一种经历，不能变成一种智慧。反过来说，如果我们能提升思维方式，那么每一个经验都将成为一次非常珍贵的学习机会。

正在上英文课，老师问同学们："'压力'和'甜点'有什么关系？"

学生们你看看我，我看看你，都不知道英语老师为什么会问这么一个奇怪的问题。

大家的答案也千奇百怪，有的说："甜点吃多了，就会变胖，变胖了以前的衣服就穿不了了，所以压力变大了。"

还有的说："有的时候觉得压力太大，吃点儿甜点人的心情就会变好，所以甜点是缓解压力的办法。"

　　英语老师看着大家，问还有没有其他答案。

　　有一个学生举手，回答道："压力的英文是'stressed'，甜点的英文是'desserts'。很多时候，只要我们换一个角度看问题，就会有不一样的感触，就像压力倒着写出来就变成了甜点。"

　　英语老师微笑着点了点头，在黑板上写下这样一句话："Stressed is just desserts if you can reverse.（压力就是甜点，只要你能逆向去看。）"

　　情商的高低，可以决定一个人能不能将智慧发挥出来，从而决定了他在成功路上能走多远。

　　人类的进步是和善于思考、总结经验分不开的。那些有着相似起点、相似背景的人，在很多年后，有些人能达到成功的巅峰，有的人仍旧原地踏步，这种差距和他们的思维方式是密不可分的。

善于思考的人，不会被常规束缚，会注意到别人不去关注的问题。就算是同样一张报纸，他们的眼睛总是能看到成功的机遇，就是因为别人看报纸的时候是在消遣，他们却是带着思考在消遣。他们的大脑在不停地问问题：这个政策出台后对人们有什么影响？未来的趋势是不是会改变？这是什么？如果使用了它，会产生什么样的收益？……在他不断思索的过程中，他所掌握的资源密密地形成一张大网，盘根错节地组合起来，一旦某一天遇到一个契机，就会创造出一个惊人的成就。

我们都是普通人，有普通人的脆弱。当我们感到痛苦或者思维混乱的时候，第一时间可能会在心中不断向上帝、佛祖、观音等各种心灵权威求救，这是人之常情。

但是很少有人会想到向自己求救，因为我们忽略了情商所创造的"自愈力"。

情商和智商的一大关键不同在于，情商可以对人性有所洞见，并能依靠自我进行掌控，智商则不是这样。一个人即使情商较低，和人相处不来，依然不妨碍他变成一个聪明的人。然而只有情商和智商双高的人才称得上是有智慧的人。

若我们仔细分析一下智慧，会发现人生最重要的那些事情基本是和智慧有关的。不论他是什么身份：名牌高中的学霸、普通中学的学生、更年期撞上青春期的母亲、世界五百强企业的高管、想创作出流芳百世的作品的艺术家、每天徘徊在彩票站想要中奖的玩家……不论他的性别、身份、年龄如何，我们在考虑谁最有智慧的时候，会发现根本不会以他的学历、年纪或者成就作为标准，而是会将他放在人的环境里考虑。

情商的高低当然有赖于眼界、知识的情况，但是洞见力、判断力同样重要。情商高的人能以宏观角度看待个别事件，因为思维不再固化，所以他可以以开阔的眼界去衡量遇到的问题。

亚里士多德认为,智慧源自了解前因后果、掌握来龙去脉,有知识的人深谙结果与方法,有智慧的人则明辨原因。

智商所涉及的问题多是如何有效处理眼前的信息,然后妥善进行推论、分析,进而得出合理的结论。这当然也是智慧的一个要项。然而,有智慧的人不止如此。

有智慧的人不会被眼前的信息绑架,也不会被眼前的困难吓倒。当然,也许他们不清楚手里的这些信息是不是够,但他们就是那种带着思考前进的人,会想得更多、更远。他们能从事物之间的直接和间接联系、内部和外部联系、必然和偶然联系,以及因果联系等普遍联系中,寻找到解决问题的新方法。

杰克·安卓(Jack Android)是美国马里兰州的一个普通高中生。杰克从小热爱科学,认为科学能带他一窥不同的世界,并解决许多问题。

当他的叔叔被诊断出罹患胰脏癌时已经太晚了,癌细胞早已经扩散到全身。虽然接受了最先进的治疗,杰克的叔叔仍然不幸离世了。

杰克因为叔叔的去世深受影响,忍不住思考,如果叔叔的癌症能发现得早一点儿,那该多好啊!

他从论文及科普杂志上获得灵感:很多东西有试纸可以检验,如果世界上有一种可以在胰脏癌早期的时候就将其检验出来的试纸该有多好!那样叔叔就不会去世了,和叔叔一样患有胰脏癌的人也不会死去。

当时只有十四岁的杰克,原本对生物与医学不过是一知半解,可仅仅凭借着这个想法就投入到早期检测胰脏癌的研究之中。

和所有青春期的男孩一样,杰克害羞又不善言辞,但是要做研究,自己现在的知识是不够的。为了实现理想,他勇敢走出自己的舒适圈,滔滔不绝地向陌生人介绍他的实验。

为了寻找合适的实验场所，他写了200封电子邮件给医学界的相关教授，但是199封信石沉大海，只有一封信给了他正面回应。

父母看到了他的投入和努力，怕他受不了失败的打击，希望他能放弃。但是杰克抱着"一定有更好的解决方法"的理念，不放弃对拯救生命的追求，不断提出新的问题，寻找新的解决方法。

现代社会，科技和知识因为网络的发达而让人们对知识获得手段的能力差距缩小。80年代只有国家最高机密和顶尖实验室里才能有的研究器材和设备，现在随手可以在网上订购，不出几天就能寄到家里。电脑或者手机一开机，就能搜索到全世界各地古往今来所有的知识——可以供人使用的资源比比皆是。

杰克没钱订阅学术期刊或购买论文，但为了获得关键的专业知识，花了大量时间在开放数据库上搜寻，直到找到需要的信息为止。

第二年，十五岁的杰克真的发明了癌症试纸！这种试纸比当前的医学检测法更有效，成本更低。他能让患有胰脏癌的潜在患者在罹癌初期就被检测出来，因为早期发现，术后生存率几乎达到百分之百的程度！

杰克因此获得英特尔国际科学与工程大奖赛（Intel ISEF）的首奖"高登摩尔奖"（Gordon Moore Award）、美国史密森尼创造力大奖（Smithsonian American Ingenuity Award）的"年轻科学家奖"、西门子"我们能改变世界挑战赛"的首奖，以及杰佛逊公共服务奖（Jefferson Awards for Public Service），并被《国家地理杂志》选为2014年"国家地理新兴探索家"。

然而杰克并没有在现有的成就上停留，又有了新的目标——研究如何让"纳米机器人"的概念成为现实，让其游走于人体的血管之中进行治疗。我们也相信，凭借着这种不断创新的思维，杰克一定会创造出另一个医疗奇迹。

第三章

正确理解他人

——情绪背后都藏着情感诉求

　　不必讨好所有人，带着你的善良，也不要忘记你的武装，专心地做更好的自己。

换位思考：
迈出同理心的第一步

女孩艾米不幸患上癌症，为了治疗，不得不告别课堂。经过漫长的住院治疗，艾米的病情得到了很好的控制，但是因为接受化疗，头发每天都在掉，最后她所有的头发都掉光了，变成了光头。

出院以后，艾米终于可以返回校园了，可是她内心无比忐忑——现在的她是一个光头，很怕同学们会嘲笑她。母亲怕她难过，特意买了一顶假发给她。

艾米返校的那一天，母亲拉着她的手带着她来到教室。然而走进教室的那一瞬间她惊呆了。班里的男孩子个个都剃了光头，女孩子有的也剃了光头，有的把长发剪掉了！艾米拿掉了自己的假发，再也不担心受到歧视和嘲笑了，因为她感觉到了同学们对她的爱。

为什么看到这个故事会感动？因为我们都有同理心。

同理心，又称为"换位思考""神入"或"共情"，指的是站在对方的立场上设身处地地将自己的内心世界，如思维、情感等与对方建立某种联系的一种方式。

同理心是情商的重要组成部分。情商说到底就是管理情绪的能力。它像一只船，靠的是桨滑动的力量使得船前行，人则是由情绪来推动的。控制船的方向的是舵，靠着舵，就不会偏离本来的航线。而管理情绪的就是情商，如果情绪失控了，就像舵失去了操作，早晚会在海上翻船，或者干脆触礁。

同理心的基础是自我认识，也就是说，我们自身的情绪越开放，我们就越能理解情绪。当我们能理解自身的情绪时，对他人的情绪也会变得敏感。

通俗地说，就是在某个已经发生的事件上，我们能够进入当事人的角色，体会他所经历的心理状态、生理感受，让自己仿佛和他有同样的经历，因此可以理解当事人在所处状态下的反应，进而理解当事人的行为和情绪。

就算自己从没经历过同样的事，就算自己并不认同当事人的观点和行为，但是也能够理解对方在心理、语言、情绪上的反应。

同理心让我们拥有了了解他人感受的能力，主要体现在情绪自控、换位思考、倾听能力以及表达尊重等与情商有关的方面。

在既定的已发生的事情上，让自己进入他人的角色，体会他人的环境背景、自身生理、心理状态，更接近"他人"在本位上的感受与逻辑。因为自己已体会"同样"的经验，所以也就更容易理解当事人所处状态下的反应，以至于理解这种行为和事件的发生。就算自己的看法与别人不同，也能够理解对方在心理、情绪或行为上的反应，但能够理解并感受对方的反应并不代表认同对方的行为。

《晏子春秋》里记载了这样一个故事：

齐景公在位的时候，下了几天雪还没放晴。景公披着白色的狐皮大衣，坐在朝堂一旁的台阶上。晏子进去朝见，站了一会儿，齐景公说："奇怪啊！已经下了好几天雪了，但是天气一点儿不冷。"

晏子回答说："不冷吗？"

景公却笑了。

晏子说："我听说古代贤德的国君，自己饱却知道别人的饥饿，自己温暖却知道别人的寒冷，自己安逸却知道别人的劳苦。现在君王不知道了。"

景公说："说得好！我明白你的意思了。"

于是他命人发放衣服、粮食给那些挨饿受冻的人，命令在路上见到的，不必问他们是哪个乡的；在里巷见到的，不必问他们是哪家的；巡视全国统计数字，不必记他们的姓名。已有职业的人发两个月的粮食，病困的人发两年的粮食。

孔子听到后说："晏子能阐明他的愿望，景公能施行他认识到的德政。"

同理心发达的人，往往能够敏锐地觉察对方的情绪，知道对方想什么、要什么，并能做出相应的行为。这样的人不仅情商高，同时也会让人喜欢、愿意与之相处。

同理心的发展有三层境界。当我们听到、看到某个事件的时候，能够理解对方所表达的语言和行为，是同理心的第一层境界。

譬如你的同桌告诉你："我感冒了。"

你回答他："你怎么又感冒了？离我远点儿，别传染给我了，明天还要考试呢。"

这样缺乏同理心的回答，一下就会让两个人的同学关系破裂。因为他们无法以己度人，被困于自身的情绪里，不具备换位思考的能力，因此和缺乏同理心的人相处，会让人觉得别扭、压抑、不舒服、不开心、憋闷，也只想让人离他远远的。

而拥有基本的同理心的人多半会回答："哎呀，你感冒了！"

虽然是简单的事件复述，但是表达了他的理解。

能理解对方隐藏在语言之下的情绪、情感和动机，这是同理心的第二个境界。

同样你的同桌说了一句话："我感冒了。"

此时换位思考一下，当你感冒的时候你需要怎样的关注和回应？你就能体会到对方的感受，并且给予建议。

"感冒了一定要吃药，早点儿休息，也许睡一觉就好了。"

同理心的第三层境界，就是给对方最需要的东西，使他隐藏在语言、行为、情绪下的真正意图得到理解和满足。

你的同桌仍然说："我感冒了。"

除了告诉他要吃药、早点儿休息外，还要怎样回应？你知道明天有一场重要的考试，也许同桌在为明天的考试担忧，害怕感冒影响他的发挥，他真正想要的是关于考试的安慰。

所以达到同理心第三境界的人会告诉同桌："回家吃药，早点儿休息，晚上睡一觉明天就会好一些的。明天虽然要考试，但是你平时学习那么用功，不用太担心考试。"

这样高情商的同学走到哪里会不受欢迎呢？

有一些很朴素的言语可以描述如何提高同理心，比如"换位思考""别人怎么对我，我就应该怎么对别人""设身处地""别人理解我的前提是我要理解别人""将心比心"等。这些朴素的言语的共同特点，就是彼此很认同相互的观点、体会、情绪。

青少年要如何培养同理心呢？我们发现，其实人们很少会用语言来表达自己的情绪，比如很少会听到有人说"我很生气""我很抑郁""我很焦虑"。这些情绪往往表现为其他信号，只有那些有同理心的人才能接收到这些信号。

想要培养同理心，首先，我们要放宽眼界。

一个人容易狭隘，是因为他的眼界只停留在自己周围，思维也只会围绕着自己旋转。一旦形成了固定认识，他就很难接受他人的行为、言语、情绪，在潜意识里，会把他人当成"另类"。所以我

们若想提升同理心，首先要拼弃以自我为中心的想法，多和不同的人接触，扩大眼界。

其次，我们要明确自我。有同理心，不代表被人牵着鼻子走。一个人要有完整的自我意识，懂得自己的优势和劣势，知道自己是谁，自己的世界观、价值观、人生观是什么，也懂得自己的价值。因为对自我的明确认知，所以我们有安全感，能够宽容地对待不同意见，也有能力掌控自己的情绪。

我们能轻易觉察到自己的情绪，知道哪些情绪是正常的，哪些情绪是需要避免的，就能以己推人，了解别人的情感世界。要想有同理心，就要具备自我意识，那些最擅长换位思考的人调适自己情感的能力也最强，也最有耐心去倾听和关注他人，体会对方的情绪、行为和需求。

譬如一个长期在学校被人欺负的男孩子有一天突然不再逆来顺受，起来反抗，却将曾经的施暴者打成重伤。正确的同理心是：你能理解这个男孩子的痛苦，明白他是受害者，体会他的脆弱和愤怒，但是并不认同他最后以暴制暴导致的恶劣结果。

再次，我们要保持好奇心。一个不关心别人的人，是很难拥有同理心的。因为他缺乏对世界的好奇心，也缺乏探究事物多样性的精神。

比如今天你放学后，回到家里莫名其妙就被妈妈骂了一顿。

你也许直接冒出的想法是：妈妈真是到了更年期，整天莫名其妙！

但是如果放开你的好奇心冷静思考一下，你会想到什么呢？也许是你考试成绩名次掉了几名让妈妈不高兴？也许是妈妈身体不适，所以心情烦躁？也许是和爸爸关系变化所以妈妈心情不好？也许是她工作上遇到了什么难题……

你不妨带着好奇心问一句父母到底发生了什么事情，你的冷静也有助于父母迅速冷静下来。其实父母有时候也很脆弱，也需要子女的关心。只要你有所表示，他们一定会开怀接纳。

弗洛伊德曾说："人藏不住任何秘密。如果人们的双唇紧闭，人们的指尖就会代替热烈的交谈向他人传达信息，泄露秘密的力量从任何渠道都能找到自己的出路。"

保持一份对人、对世界的好奇心，就能看到、体会到更多的情绪。

设身处地地为他人着想是一种智慧，是人际交往的基石，也是心理健康的风向标。我们会发现那些犯下罪行的人常常缺乏同理心，因为他们无法判断自身的情绪，更无法感受到受害者的痛苦，因此便无法认同自己的罪行反而进行辩解。一个没有同理心的人，是不会感受到别人的痛苦的。

当你拥有了高度的同理心，你就能从自我中心跳出来，站在对方的立场上分析为什么，看到别人的难言之隐和良苦用心，所有的难题也许就能迎刃而解，紧张的亲子关系也会得到极大改善。

做个"树洞"：
用专注和包容去倾听

　　我们会发现，情商高的人通常也很聪明。聪明并不等于智商高，而是一种更全面的能力。我们先从字面意思上看看，什么是聪明。

　　聪明是指一个人听觉、视觉灵敏，或者指一个人心思灵敏，天资很高，记忆和理解力强。而单看字面上的意思，"聪"是耳字旁，指的就是听力灵敏，耳聪目明，是为聪明。

　　听觉灵敏并不单指器官上的听力，而是有更深层的意义，也就是懂得如何倾听。

　　被称为"法兰西思想之父"的法国文学家和哲学家伏尔泰（François-Marie Arouet）说："耳朵是通向心灵的路。"因为只有先听到别人的话语，我们才能了解对方。如果一个人愿意向你倾诉，说明他愿意和你有更深层次的交流。倾听，是觉察别人情绪的最基本的途径。

　　吉娜发现亨利是周围的朋友里最受欢迎的人之一。相比其他人，亨利总是能收到各种各样的邀请，所以吉娜总是会发现亨利出现在各种各样的聚会上，和各种各样的人共进晚餐。大家都以能邀请到亨利参加聚会为荣，很多时候，亨利还会担任发言人。其他的活动更不用说，什么打高尔夫球、网球，看歌剧，亨利总是会被大家邀请。

有一天，吉娜碰巧和亨利参加同一个朋友的家庭聚会。她发现亨利和朋友里最难相处的一位女士坐在一起，那位女士出了名地难相处。吉娜非常好奇亨利会不会也被气走，于是暗暗观察了好久。她发现那位女士一直在说话，而亨利似乎什么都没说，只是偶尔笑笑，偶尔点点头，仅此而已。更令吉娜觉得不可思议的是这两个人在一起坐了很久，直到聚会结束。

第二天吉娜忍不住去问亨利："我昨天看到你和咱们这里最难相处的女孩子在一起聊了很久，我以为你会很快被她气走呢，毕竟那个女孩子心高气傲，没有谁能和她聊那么久。告诉我，你用了什么方法？"

亨利笑了笑说："其实很简单。布什太太将莉亚介绍给我的时候，我问她：'您的披肩真的很别致，似乎不是在国内能买到的，请问您是在哪里买到这样美丽的披肩的？这简直太配您的风格了。'

"'哦，我是在希腊买的，'她说，'那里有很多手工艺品，真是太不可思议了，每一件都是珍品。'

"'您能告诉我关于希腊的事情吗？我对那里也非常感兴趣。'我说。

"'当然了，我非常乐意！'她说。

"于是我们就找了一个安静的角落，一起聊希腊和她曾经去过的国家。今天早上，我收到了莉亚的邀请，她说她有一个私人聚会，希望我能参加，因为她很喜欢和我一起聊天。实际上，我整个晚上并没有说很多话，一直是莉亚在说。"

其实亨利受欢迎的秘密很简单，一点儿也不神秘——那就是倾听。每个人都有倾诉的欲望，希望自己能得到别人的理解，希望别人能和自己产生共鸣。如果两个交流中的人都只想倾诉，却没有人扮演倾听的角色，那么这个交流就是无效的，也无法达成共识，更无法达到被理解的结果。

因此，当一个人想要被人理解时，首先要学会如何倾听。交流是双向的，你认真倾听，别人也会选择倾听。不必在意先后顺序：为什么我要先做一个倾听者，而不是对方去做？因为只有那些愿意去了解别人的人，别人才愿意了解你。

但是倾听并不是傻傻地坐在一边，心不在焉地神游，丝毫不在意别人的倾诉内容。倾听也是有礼仪的。

看看你是不是一个懂得倾听礼仪的人：

你是不是常常在别人没说完的时候打断别人的话？

当你情绪激动的时候，别人说什么你都无法听进去？

当别人说你不感兴趣的话题时，你常常左顾右盼，心里盼望着早早结束对话？

当别人说一件悲惨的经历时，你一点儿都感觉不到对方的情绪？

当别人在说某件和尔意见不同的事情时，你总是等不及发表自己的意见，想要说服别人？

如果你的回答有三个以上"是"的话，那么你就需要好好学习倾听的礼仪和方法。

著名成功学家卡耐基（Dale Carnegie）说过："在生意场上，做一名好听众远北自己夸夸其谈有用得多。如果你对客户的话题感兴趣，并且有急切想听下去的愿望，那么订单通常会不请自到。"

无论男女老少，人们的内心是渴望被重视、被理解、被尊重的。我们都知道，如果我们在诉说一件事情的时候发现对方目光躲闪，头转来转去，或者一脸不耐烦，我们会顿时失去倾诉的欲望。因为我们觉得没有得到尊重，这样的交流也无法进行下去。

所以，会倾听的人，就是最容易交到朋友的人。可是怎样的倾听才是人际交往中的助力？怎样的倾听才是受欢迎的？

首先，我们必须集中注意力。

在别人说话时，我们不要东张西望，倾听的时候就做一个好的倾听者；不要惧怕和别人的眼神交流，正视对方的眼睛，保持目光的交流；要有耐心，等别人把话说完。大多数人最常犯的错误，就是不等别人说完话就开始发表评论，或是说些完全不相干的事情。这是非常没有礼貌的行为，也是社交中最容易招致反感的行为之一。随意打断对方的话，会让倾诉者的谈话积极性受损，削弱他表达的热情，甚至会让对方感到恼火。

如果你并不认可对方的话，也要在对方说完整个事情之后再发表意见。如果对方的观点令你觉得不能接受，甚至是错误的，也不要轻易评判。你可以在适当的时候转移话题，把话题带到你感兴趣的方向。

以"接受"的心态去倾听。如果一开始就抱着排斥的观点，那么无论对方说什么，你都无法理解，这种倾听就不是有效的倾听。正确的做法是：不管对方的谈话内容和你的意见有多么相抵触，你都要用同理心去倾听，这是一切倾听的前提。作为一个倾听者，不能因为不喜欢倾诉者倾诉的内容而粗暴地结束交流。

要从内心产生倾听的欲望，不然一切都成了流于表面的表演，就失去了人际交往的意义。

专注是有效倾听的基础，表达自己愿意聆听的意愿，就要先放松，以一种平和的情绪倾听，自然而然地表现出对倾诉者的尊敬和对话题的兴趣。当倾诉者需要你有回应的时候，要及时做出回应。当倾诉进行到一定阶段的时候，我们要稍微总结一下谈话内容，比如可以礼貌地说："是这样的吗？""你的意思是……"

这些适当的问题有助于我们更有效地理解对方，防止误解。虽然说不要随意打断别人的谈话，但是在别人谈话的一个意群停顿中间，我们要适当插话。当然，并不是让你天马行空地随意插话，而是根据刚才的谈话内容给出一些点评和建议。

一个好的倾听者，一定是一个有耐心的倾听者。

很多时候倾诉者其实仅仅需要发泄一下情绪，也许并不希望从别人那里得到意见和指导。这个时候，你不要反驳他，也不要和他争辩，所要做的就是给予耐心，认真聆听就好，等到对方一吐为快以后，他所有的情绪都得到了释放，问题也就迎刃而解了。

在倾听的时候，我们很容易遇到对方就某件事情或者某个人发表评论。倾诉者是很希望能从你那里得到认同的。但是作为倾听者，要有自己的判断，不能人云亦云地随之做出结论和评价，尤其注意不要评论不在场的人。如果倾诉者希望你说一下自己的看法时，可以委婉地拒绝，比如"我和这个人不太熟悉""我对这件事情不了解"，或者客观公正地表达自己的观点。

不要小瞧倾听，它会带给你很多意想不到的收获：我们从长者的诉说里，听到人生的经验；我们倾听朋友的倾诉，可以学习知识或者吸取经验；我们从异性的倾诉里，可以收获友情或者爱情……

倾听并不会浪费你的时间，相反，会在未来以更美好的形式偿还给你。

察言之前先观色：
切勿闭着眼睛说话

　　人的心理活动是很微妙的，有的青少年甚至觉得人太复杂了，为什么刚才两个人还有说有笑的，突然对方就变了脸色离开了，好像谁得罪了他一样？其实很有可能的情况是，你真的"得罪"了他，但是你还不自知。也许对方早就表示了他的不满，但是迟钝的你一点儿也没有觉察，因此等到对方拂袖而去的时候，你还一头雾水不知道发生了什么事。

　　其实，这就是因为你在和别人交流的时候没有察言观色。人们在和别人交流的时候并不会因为一句话就突然发怒，而是有一个渐进的过程。情商高的人能敏锐地觉察到别人的情绪变化，所以一旦发现对方出现了不悦的神情，往往能立刻调控谈话内容。

　　可以说，察言观色是在人际交往中如鱼得水最基本的要求。懂得察言观色的人，就好像懂得风向，知道风从哪个方向来，要往哪个方向吹。他能更好地操纵自己的舵，不至于误入歧途。

　　我们都学过《看云识天气》，在课文里懂得天上姿态万千、变化无常的云往往预示着某种天气现象。其实看人也是一样的，对方的脸色、眼神也就像天空里的云一样，虽然多变，但是经过细心的观察就能找到其中的奥妙，洞悉对方的情绪。

人类的脸部面积虽然不大，但是脸部肌肉比其他的部位更发达。随着人们的情绪变化，面部一定会首先产生变化。所以才会有人说：表情是灵魂的外在表现，是识别他人情绪的渠道。

我们会发现，有时候虽然说不清楚别人的情绪到底是怎样的，但还是能感觉到对方表情的变化，就是有一种"他有点儿异常"的感觉。其实仔细分辨，我们会从对方的表情里读懂他人的心理状态。当然对不同性别、不同年龄、不同文化背景的人来说，对同一件事情，或者在同一种情绪下，他们的表情会有差异。

比如同样是获得了大奖，外向的人会激动得大喊大叫，性格温和又多愁善感的人也许会默默流下激动的眼泪，有的人则可能是抿着嘴微笑，但还是能发现很多人类共通的表情。比如：脸上经常带着笑容的人，心态比较平和；心情抑郁的人，脸上多数时间处于"面无表情"或者双眉紧锁的状态。因为心态会使面部肌肉长久停留在同样的地方，因此造成"永久"性表情。

眼睛是心灵的窗口，是人体最富有表现力的器官。我们总说"眼睛会说话"，其实就是说眼睛能泄露心里的秘密。面部表情有时候可以伪装，眼神却是无法骗人的。通过一个人的眼神，完全可以推测出他的情绪，洞悉他的内心世界。在人类所有的表情动作里，眼神能表达最复杂的含义。

很多人不喜欢和人对视，尤其不喜欢和不熟悉的人对视，当两个人目光交会的时候，最先躲闪的人不仅会有一种挫败感，还会丧失从别人的眼神里获取信息的机会。

孟子说："存乎人者，莫良于眸子；眸子不能掩其恶。胸中正，则眸子瞭焉；胸中不正，则眸子眊焉。听其言也，观其眸子，人焉廋哉？"

意思是："观察存在于人身上的善恶，没有比看他的眼睛更明了的了，眼睛不能掩藏心中的恶念。正直的人，眼睛就很明亮；不正直的人，眼睛就昏昧不明。听他的话，再看他的眼睛，人心的邪正能藏到哪里去呢！"

人的目光凝聚着一个人的精气神，当一个人的眼神开始流露出情感时，其实是经由大脑支配，再通过意识操控后进入眼睛的。

我们在日常生活里会发现，有时候爸爸妈妈互相看一眼就能知道彼此想说什么、对某事的态度，根本不需要语言表达。在课堂上，有时候老师一个眼神，本来吵闹的课堂立刻鸦雀无声，因为我们在老师的目光里读到了责备和严厉。这就是眼神交流的力量，也就是他们在用"目光"传递信息。

有医学研究发现，眼睛是大脑在眼眶里的延伸。在眼球的底部有三级神经元。和大脑里的皮质细胞一样，这种神经元具备分析综合能力。

人有五感，即视觉、听觉、嗅觉、味觉、触觉。人类就是通过五感来认知周遭世界，并对周遭的其他对象发出信息的。任何一个正常人都具备五感的能力，我们的大脑，就从五感接收所有的信息然后进行总结分析。眼睛是人的五感器官中最敏感的器官，占感觉的70%以上。

我们想了解一个人，不仅要看他的言行，更要注意他的眼部动作。不论是眼球的转动速度、方向，眼皮的张合，还是更细微的瞳孔变化，这些都直接受大脑支配，自然而然能从眼睛中流露出情感。

在社交时，我们不仅要以坦诚的目光表达自己的情绪，更要懂得解读他人的眼神，体会对方的情绪变化，提升沟通的有效性。

适宜的注视，会让对方感到被重视。但是不适宜的注视，会让对方感到浑身不自在，甚至有被侵犯的感觉。目光所在的位置根据彼此人际关系的不同而不同，比如，对亲人，亲密注视对方就没有问题，你的目光停留在两眼和胸部之间或者两眼到腹部之间的区域都是没有问题的。

但是如果和你交谈的是领导、老师、同学、普通朋友等，你则要注意把目光停留在双眼和唇部之间的区域，这也是社交注视的礼貌区域。你如果超越了这个区域，会给人一种轻浮的感觉，一定要避免。

心理学家认为，一个人的眼睛能最准确地表达他的感情和情绪，那么眼睛是如何泄露心机的？我们又该怎样通过对方的眼睛捕捉对方的情绪呢？

首先我们要注意对方的眼睛动作。最常见的眼睛运动是眨眼，包括连续眨动、长久不眨等。人类一般每分钟会眨眼5~8次。连续眨眼就是眼睛快速连续眨动，根据情境的不同有不同的含义：有时候表示不大相信对方的话；有时候在快要哭之前也会快速眨动眼睛，表示在努力抑制情绪；有时候则是神情活跃，对谈话的内容表示感兴趣；有时候可以理解为不想长时间直视对方，靠眨眼运动来阻断视线，进而获得安全感。

而眨眼的间隔时间较久、眨动的速度慢、幅度大，则表示惊讶，常常发生一个人在听到某件不可思议的事情时。

眼睛轻瞥，通常表示敌意或者有兴趣，这时候我们要配合眉毛和面部表情来分析。如果眉毛在眼睛轻瞥的时候轻轻扬起，或者脸上带着笑容，那么此时就表示他正兴意盎然；如果配合的是嘴角压低或者皱眉的动作，那么就表示他是疑虑和批评的态度。

一个人仰视对方，是对对方信赖和尊敬的意思；而将视线落下来注视对方，则是宣告自己的威严。

067

如果一个人快速合起一只眼睛，用另一只眼睛注视别人，这种动作通常传达一种友好亲密的信息。比如表示两人之间有某种默契，或者双方拥有其他人无法得知的秘密，或者对某件事情有着共同的看法，这种看法如今被证实了。但需要注意的是，挤眼睛是一种只适合关系亲密的亲朋好友间的眼神互动。如果你贸然向陌生人挤眼睛，则具有强烈的挑逗意味，会被视为轻浮。

眼睛下垂，发出这个动作的人有轻视对方的意思；而眼睛往上翻，则说明说话者在有意夸大事实，但并不想让人知道心底的真正想法。

眼球转动的方向不同，代表的含义也不同。比如眼球向左上方运动，表示说话者在回忆以前经历过的事情；眼球向左下方看，表示他正在思考；眼球向右上方运动，表示他正在想象以前没见过的事物；眼球向右下方运动，表示他正在感觉自己的身体；而眼球只是向左或者向右平视的时候，表示他正在努力弄明白听到的事情。

在日常生活中，视线的交流往往有特殊的功能和意义。比如表达爱意，这种目光很容易在母亲看着孩子、互有好感的两个人之间看到。

从别人的眼神里还能看出对方的性格，比如性格内向的人和别人目光交流的时间很短；而目光灼灼的人，往往渴望被重视，希望被对方了解。

两个人第一次见面的时候，首先注视对方的那一个人通常占据心理优势。而一旦感受到别人的目光就自动躲闪的人，一般有自卑感，或者有罪恶感，不想让别人看到他的内心。

爱默生（Ralph Waldo Emerson）说过："人的眼睛和舌头所说的话一样多，不需要字典，却能从眼睛的语言中了解整个世界。"

眼神表达的含义包罗万象，所以我们在和人交流的时候，一定

情商：一本给孩子的人生格局书

要留心和总结对方的眼神以便迅速了解对方的情绪。人的情绪总是很微妙的，同样一个表情或者眼神，在不同的场合下也会呈现不同的含义，而这些都需要我们用心学习和总结。我们要尝试和不同类型的人接触，不要总是把自己圈定在某个小范围内，不去和不喜欢或者不熟悉的人交往。

其实在和不同类的人交往的过程中，我们就会懂得对什么样的人说什么样的话，话题哪里可以深入，到哪里必须停止；什么人可以开轻松的玩笑，什么人则一直要严肃交流，千万不要闭着眼睛说话。

看懂姿态：
无声胜有声的肢体语言

有很多青少年也许会觉得人际交往真是一件复杂又劳心劳力的事情，尤其觉得和人沟通起来真是费劲。其实沟通不好，有时候并不是我们说得太少，而是我们说得太多了，没有留给自己足够的空间去观察别人的反应和情绪，因此导致产生误解，更有甚者会引起对方的反感。

美国著名心理学家艾伯特·赫拉别恩（Albert Herabain）曾提出过一个公式：

信息交流的效果=7%的语言＋38%的语速＋55%的表情和动作。

从这个公式我们可以看出，在人们的交流中，最不会说谎的是肢体语言。

肢体语言往往是一个人下意识的行为，因此只要能分辨出肢体语言的含义，我们就能获得很多无法通过语言得到的信息。

心理学家认为肢体语言是无法伪装的，因为它往往源于内心深处的条件反射。肢体语言虽然很难具有欺骗性，但它是一种非常复杂的事物。手指的方向、伸出了多少根手指、用哪根手指发出的动作，这些往往代表了不同的含义。坐下、比肩、屈膝……人类能变换出无数种姿势，而每种姿势几乎代表着不同的含义。我们只有真正掌握了这些肢体语言所代表的意义，才能做到察言观色，体会对方的情绪和意图。

那么我们如何读懂对方的肢体语言呢？人体不同的部分发出的动作，有不同的含义。我们先来看脚部和腿部的肢体语言。

当我们在进行交谈的时候，如果对方的双腿和双脚一起颤动或者一起摆动，说明正在谈论的话题让他感到非常高兴，这个话题也正是他感兴趣的。这样的肢体语言传递着"我正兴高采烈"的信号。

当你发现对方出现了"快乐脚"的肢体语言时，那么尽管畅所欲言吧。当然，不是需要你钻到桌子下头去观察他的脚，其实只要看看他的肩膀，或者看看他的衬衫就可以了。当一个人的脚在摆动或者颤动的时候，他的上身也会随之有细微的动作。虽然不容易被发现，但是只要你留心，还是可以发现的。

身体的方向也会泄露一个人的情绪，通常我们的身体会对着喜欢的人或事物，所以从脚的方向，我们就能分析出对方的态度：是想继续交流，还是想立刻离开。

譬如你看到有两个同学正在聊天，想加入他们，如何判断你的加入是不是受欢迎呢？这时候就要注意他们的躯干和双脚的动作。当你走过去的时候，如果他们的双脚和躯干都转向你，那么说明他们是诚心欢迎你加入的；如果他们只是躯干转向了你，和你打了一声招呼，双脚并没有移动，那么就表示他们不是很乐意你加入。这时候不要贸然加入讨论，不然会让对方反感，弄得不欢而散。

坐着的时候，从交叉的双腿也能看出一个人对另一个人的态度。科学家研究发现，当两个人并肩坐在一起的时候，如果两个人的关系很好，跷起的二郎腿上面的那条腿都是向着对方的。如果其中一个人对另一个人不满意，那么他上面的腿则会向着另一个方向。所以当很多人坐在一起的时候，从膝盖对着的方向就能看出一个人是倾向于和左边的人交谈还是和右边的人交谈。

脚转向是一个人想要离开的信号。当你和人交谈的时候，如果发现对方突然或者渐渐把他的双脚从靠近你的方向挪开，说明他想离开。

在交谈时，你发现对方双手按住了膝盖，这说明他的大脑已经发出了想结束这次谈话的准备，这是想要离开的信号，紧跟着你就会发现几个更微小的动作，比如身体放低转向另一侧等。如果你发现了对方的这一肢体语言，那么就不要继续谈话了。

我们知道人和人之间是有安全距离的，通过脚和脚之间的距离同样可以判断两个人的亲疏程度。如果两个人相处得不好，他们的脚就会离得比较远；如果两个人的脚离得很近，说明两个人关系亲密。

比如当你的铅笔掉到了地上，你弯腰去捡笔。如果你的同桌突然把脚收回，脚踝相互靠在一起，说明他和你的关系比较疏远，他

不喜欢被人侵入领地。这是大脑的边缘系统遇到威胁时的反应，所以才会下意识地躲开。而如果他的脚岿然不动保持原有的姿势，说明他和你已经有了可信赖的关系。

我们再来看看躯干的身体语言。和身体的其他部位一样，人类在感受到危险的时候，逃离往往是第一反应。而在日常生活中一旦我们感觉到不耐烦、不高兴的时候，我们的躯干会下意识地远离让人感到不舒适的那一侧。而遇到喜欢的人或者话题时，躯干会情不自禁地前倾。如果一个人对谈话内容表示不满或者持相反意见的时候，身体就会朝向与谈话者相反的一侧。

而很多情况下，我们没办法远离不喜欢的人或事物，那么我们的身体就会调动其他部位为自己筑起安全壁垒。比如我们在看恐怖片的时候，觉得害怕但是又特别想看下去，很多人会用手挡在眼睛前，透过手指缝观看；或者把枕头抱在胸前，为自己增加安全感。再比如当爸爸妈妈教训孩子的时候，孩子知道自己无法逃离，也不能把身体扭向另一边，但是对爸爸妈妈的训话内容抱着强烈的抵触、不认同的情绪，这时你会发现孩子可能突然双臂紧紧抱胸，或者开始玩弄胸前的扣子。如果他坐在沙发上，你会发现他也许会紧紧抱着抱枕。这些都是他们给予自己的安全壁垒，试图将外界的一切阻挡在身体之外。

开学的时候，只要你留心就会发现，很多学生走在校园里，常常抱着书包或者将书本抱在胸前，尤其女生喜欢这样做。而当学生适应了周围的环境时，这种姿势就会减少甚至消失。其他类似的还有整理衣袖、摸衣领、固定领带等能让手臂往前胸和脖子附近移动的动作。

青少年想要提升情商，一定要注意到每一个细枝末节，这样有助于你快速准确地了解对方的真实思想和情绪，从而采取有效的应对措施。

第三章　正确理解他人——情绪背后都藏着情感诉求

弦外之音：
愚人听到，智者听懂

　　中国有句俗语："看人看相，听话听音。"纪伯伦也曾说："如果你想了解一个人，不是去听他说出的话，而要去听他没有说出的话。"

　　在人际交往中，能巧妙地表达自己的意愿，是一种能力。同样，能听出对方话里的含义，也是情商高的一种表现。因为他能从普通的话语里敏锐地觉察出对方的真实意图，从而说对方爱听的话，做让对方觉得开心的事情。

　　虽然中国古代的大侠总是说"明人不说暗话"，但是在实际人际交往中，说大白话的人往往不太容易交到朋友，因为太容易惹别人不高兴。越来越多的人说话变得很含蓄，人们不会直接说出自己的意图，总是把自己的真实意图藏进委婉的言语里，等待对方去领悟和揣摩。

　　一个人在和别人交往的时候只顾自己直抒胸臆而完全不在乎别人的反应，这是不会说话的人；而有的人无论别人怎样表达，都无法领悟对方的真正意图，这是不懂得听话的人。这两种都是低情商的表现。一个高情商的人，不仅懂得如何去说，更懂得如何去听。

山姆·高德温（Sam Godwin）是好莱坞一位著名的电影制作人，有一天他的朋友杰克兴冲冲地找他聊天。可是才聊一会儿，杰克就发现高德温一脸困倦。杰克有些不高兴地说："高德温先生，我正在告诉你一个可以引起轰动的故事，只是要问你的意见，而你竟然睡着了！"

高德温却回答他："睡着不也是一种意见吗？"

在我们和别人交谈的时候，很多时候明明是一句很普通的话，但是听到的人理解的是其他意思。而有时候我们想表达一种意思，但又不能直说，只能用其他话代替，希望对方能明白我们真正的含义。而当你费尽心机，嘴皮子都磨破了，对方还是不明白时，说的人着急，听的人更是一头雾水。这是因为我们的"言外之意""弦外之音"没有被对方察觉。

那么"弦外之音"该怎么说呢？

有时候我们想要给别人提示或者批评，但是又不想让对方觉得难堪，就要注意使用弦外之音。

我们可以给予对方语言上的暗示，利用同音字或者歧义词，配合眼神、动作等来达到目的。

张亮发现同学宋雪的裙子拉链开了，很想告诉她，但是如果他直接走过去说"你的裙子拉链开了"，那么结果可想而知，很可能收获的是一个巴掌和她的眼泪。可是如果他不告诉她的话，只会让她尴尬的时间更久。这个时候他该怎么办呢？

张亮最后想到了一个办法。他看了看周围，然后说："刚才还那么多人，怎么突然走光了！"然后他看了看自己的衣服，从容地走开了。

宋雪听到张亮的这句话，开始还觉得莫名其妙，但是综合了一下他的神态、动作加上"突然走光了"这句被加重音的话，她开始低头看自己，突然发现拉链忘了拉上，这不就是"走光了"吗？

宋雪觉得尴尬无比，赶紧拉上拉链，同时又对张亮生出感激之意，因为如果没有人提醒她的话，那么她走光的时间会更久。

有时候面对别人的提问，我们必须回答，可是我们有难言之隐，又不能直接回答；有时候对老师、长辈、领导有意见，但是我们又不能说得太直接、太明了，都需要借用弦外之音的力量来应对。

我们学会了如何说弦外之音，也要学会如何去听弦外之音。

首先，我们要注意对方的前言后语。

听别人说话的时候不能断章取义，而是要联系他的前言后语进行理解。一句话单听是一个意思，放在整体环境中去听就是另一个意思。而说话人的意思往往就隐藏在整体之中，因此把说话者的前言后语结合在一起，也就能了解对方真正的意图了。

听别人的话不能只听到"话"，而是要把这段话放到整体环境里去体会其中的深意，要把周围的各种因素考虑进去。

战国时期，齐国率领大军攻打宋国，宋君偃只能派臧孙子到楚国求救。

臧孙子心中惴惴不安：宋国是弹丸之地，齐国却是一代霸主，楚国怎么可能会为了一个小小的宋国而得罪齐国呢！

没想到臧孙子见了楚王后，对方却不假思索地答应了此事。

但是在返回宋国的路上，臧孙子仍然高兴不起来。

他的车夫觉得奇怪，于是说："求救的事如愿以偿，现在您还愁容满面的，是为什么呢？"

臧孙子说："宋国小，齐国大。为救援弱宋而得罪强齐，这是令人担忧的事，楚王却那么高兴，一定是想以此让我们坚决抵抗齐国。我们坚持下去，齐兵就会疲敝，楚国的利益便在这里。"

于是臧孙子回到了宋国，不再期望楚国出兵，很快齐国攻下了宋国的五座城池，然而楚国的援兵一直没来救援。

臧孙子的猜测没有错，楚国发兵救宋对他们来说没有一点儿好处，楚王却想也不想就一口答应下来，这是不正常的。楚王这样说只是为了让臧孙子吃下定心丸然后赶快离开而已。因为如果楚王一开始就断然拒绝，臧孙子肯定会用各种理由说服他，所以楚王干脆用这样的场面话让臧孙子离开。而臧孙子也正是联系了周遭的政治环境，得出了楚王不过是在敷衍他们的结论。

其次，我们在和别人交流的时候，要留心交流的话题。如果一个人平常和你只是泛泛之交，有一天突然和你谈起一些敏感话题，那么你就要留心了，很有可能仿有隐藏的意图。比如一个人突然问起你的家庭经济状况，那么很有可能弦外之音就是：你手头是不是宽裕，能不能借点儿钱？

再比如，当你正在玩电子游戏的时候，妈妈说："玩了这么久游戏，要不要做点儿别的事呀？"言下之意很有可能就是：游戏玩太久了，是不是该去写作业了？

你的同桌突然问你："你有没有闻到什么味道？"那么很有可能她想告诉你，你要勤洗澡了，她已经闻到你身上散发出的臭味了。

我们不仅要留心话题，还要注意对方的语调、语气，交流的时候要注意留心对方的语音，不要过于在意语言的本身意思。

注意语气语调的变化，分辨对方的语调是不是有什么异常。有时候为引起聆听者的注意，说话的人会不自觉地提高或者加重语气。如果对方对你抱有敬佩之心，说话的语调就会让人感到如沐春风、谦恭有礼；如果对方心存轻视，那么语调里的讥诮和嘲讽的意思是很容易捕捉到的；如果一个人气势汹汹、不依不饶，那么他肯定是心存不满。

当然，虽然我们需要听懂弦外之音，但是也要小心"过犹不及"，不要过度解读别人的话，不然就变成"言者无心，听者有意"了，"弦外之音"需要适可而止。

"弦外之音"不易听，所以青少年一定要综合各种知识，察言观色、用心揣摩，领会对方的真实用意，这也是人际交往的一个重要方面。

究竟是谁
在说谎？

尽管老师和父母都让我们做一个诚实的好孩子，但是我们也不得不面对这样一个事实：日常生活里处处充满谎言，谎言几乎构成了人际交往的重要部分。

心理学家的研究发现，其实我们只能发现56%的谎言，这个数据有点儿触目惊心，也就是说，人生中听到的谎言，只有一半被你发觉了，而另一半你当成真话相信了。

"妈，我去上晚自习了。"——实际上你是去和同学打电动游戏了。

"这个小孩子好可爱哦！"——实际上在你面前的是流着口水、一点儿也不漂亮的小孩子。

"爸，这是我第一次逃课。"——实际上也许你已经逃过很多次课了。

同学借走了你心爱的课外书，你去要的时候他说："哎呀，不好意思，找不到了。我下次买一本还给你。"——实际上"下一次"遥遥无期。

"你要是再考不好，就打断你的腿。"——实际上就算你考不好，也不会有人打断你的腿。

你在看电视，妈妈叫你去写作业，你回答："马上！马上！"——很多时候，"马上"的跨度能从下午5点一直延续到晚上11点。

谎言就是存心误导别人的语言和行为。当然，谎言也分为善意的谎言和恶意的谎言。善意的谎言，也叫"白色谎言"，是指那些出于善意所说的谎言，说谎者并没有恶意，而且说谎本身不是为了自己的利益。

比如一个女生说："哎呀，我怎么这么胖啊！"

你虽然也觉得她并不瘦，确实有点儿胖，但是为了不让她感到自卑，也为了她的身体健康，你通常会说："我觉得你一点儿也不胖啊，刚刚好。"

这就是善意的谎言。这些谎言是无伤大雅、善意、有助于人际关系和谐、不带有恶意欺骗性质的。

恶意的谎言则是通过虚假的陈述，损害被骗者的利益。

我们首先来看看谎言的三种主要形式：

首先是"隐瞒"，也就是说谎者只说出部分真实的信息，倾听者因为掌握的信息不全而导致对信息理解不正确。

其次是"捏造"，也就是通过语言和行为，凭空把假的信息当成真的。

最后是"变更事实"，也就是把真的信息加以改编，在真实信息中掺杂虚假的信息，让倾听者被骗。

那么，既然我们都知道说谎不好，是什么原因让人们如此"乐此不疲"地说谎呢？科学家总结了以下几个原因。

1. 不想丢脸、维护面子。

有研究发现在人们的谎言中，超过一半以上的谎言是为了防止尴尬。而这种谎言大多数的时候不具有攻击性和严重后果，所以即使被揭穿了，也不至于造成巨大的影响。

比如在路上遇到一个同学和你打招呼，可是你忘记了那个同学的名字，但是为了避免尴尬，你只好假装认识他。

2. 为了拉近或者疏远关系。

这些谎言一般是为了使双方的关系产生变化。

比如放学的时候，一个你很喜欢的朋友要去图书馆，他问你："顺路吗？"你家的方向和图书馆的方向正好相反，但是你想维护和增进两人之间的关系，于是说："顺路啊！"这种为了增进关系的谎言往往出现在两性之间。

而为了疏远关系的谎言就更常见了。当你接到某个同学的电话时，你并不想和他继续聊下去，便会说："我现在马上要出门了，我们下次聊吧！"这就是最常见的谎言类型。

3. 避免紧张和冲突。

人们在相处的时候，难免会被对方的话语或行为激怒。你明明很生气，但是为了避免大的冲突不得不说自己没有生气，以便让局势得到控制。

4. 为了得到内心的满足。

有些人说谎就是为了提升自我价值。比如某人明明没有出国旅游过，却说自己去过很多国家。或者当他发现别人拥有他没有的东西时，他会说："我才不喜欢那个呢，一点儿都不好，我的早就扔了！"

5. 为了得到具体的利益。

这种就是特别恶劣的谎言了。比如为了离间一对男女朋友的感情，说谎者分别在两人面前说对方的坏话，让两人产生误会，从而从中获得利益。或者为了侵占被骗人的利益，说谎者捏造事实等。

现实生活里有那么多的谎言，青少年要如何去识别谎言呢？

1. 注意核对细节。

无论心理素质多好，说谎的人多少会有些心虚的。很多谎言乍听之下可能很真实，却无法经得起推敲，所以，询问是识别谎话的最好方法。

谎言一般很简短，因为是虚假的，所以说谎者很难给予很细的信息。当说谎者被询问时，他们最初的反应就是尽可能少说话。因为说得越多，他要编的谎话越多，也越容易前言不搭后语，露出马脚。

所以，当一个人说一件事情的时候，你反复询问他，如果他不愿意深谈下去，无法提供细节，或者干脆闭口不提，那么这很有可能就是谎言。

2. 注意说话人的小动作。

我们已经知道了人的肢体语言是不会说谎的，因此要学会观察说话人的肢体语言。说谎的时候人通常会坐立不安，这并不是说他们浑身在动。事实上根据研究发现，人在说谎时会努力保持身体静止不动，但是身体的其他小动作会泄露他们的真实情绪。

根据美国中央情报局的研究发现，说谎者在说谎时可能会经常触摸上身，以此来掩盖心里的不安。人在说谎时越是想掩饰，越会暴露更多的小动作，比如不停地摆弄手指、抓头发、揉眼睛、摩挲双手、转动手上的戒指、整理衣服、扶一扶眼镜等。这些小动作非常细微，但是又很频繁。

3. 说谎的人总是答非所问。

如果你就谎言去询问说谎者，他们往往回答得漫无边际，或者干脆答非所问。这是一种害怕被揭穿的逃避心理。更多的时候他会不断重复刚才被问到的问题，然后就这个问题不断重复刚才的答案，因为他们需要时间去将整个谎言编得更可信。

4. 看着他们的眼睛，眼睛能告诉你一切。

我们都知道，说谎的人不敢看对方的眼睛。普通的说谎者会目光躲闪，但是高明的说谎者会专注地盯着我们的眼睛，以表示他们不惧怕别人的目光。但是由于他们注意力太集中，眼球会变得干涩，这会让眼睛不得不频繁眨动。

5. 注意说话者在说话时使用的人称。

说谎的人虽然说谎，但是并不想承担说谎被揭穿的后果。

美国赫特福德郡大学的心理学家韦斯曼（Cameron Wesman）认为，人们在说谎时往往会感到不舒服，所以他们本能地想要撇清自己与谎言的关系，想要置身事外。比如，当你问你的同学昨晚为什么不来上自习时，如果也抱怨"自行车坏了"，而不是"我的自行车坏了"，那么很有可能他在说谎。

此外，说谎者也很少提及他们在谎言中牵扯到的人的姓名。他们经常使用的表达方式是"我听一个朋友说""一个亲戚告诉我"等，以表达他所传递的消息都是从第三方那里听来的，和自己无关。

6. 要相信，你的直觉很多时候是对的。

虽然生活里似乎处处是谎言，但是青少年也不要担心。事实上，很多时候只靠人的本能反应就能很好地识别真话和谎言，所以，如果你觉得某件事情不太可信，那么就带上你的怀疑精神去看待这件事吧，很多时候你的直觉是对的。

7. 使用开放性的提问。

对说话的人提出一些意想不到的问题。如果他是在说谎，那么你的问题会迫使他编故事。因为假的东西永远是假的，说一个谎话很容易，同一时间说好几个谎话却很难。所以说谎者最终会被绕进自己的谎言里。

当一个撒谎者面对别人的不断提问时，他会感觉到你的质疑。在面对质疑的时候，说实话的人和说谎话的人反应是不一样的。一般人开始说谎时往往会觉得自己掌握着主动权，因此很有可能会滔滔不绝，而当他发现在你的询问下，他逐渐失去这种主动权，就会惊慌，很多人就会不愿意就此谈论下去，有的人干脆闭口不言。

总之，青少年学会识别谎言，不被谎言蒙蔽，是人生路上重要的生存技能。

情绪流感大暴发：
你需要一件"防护服"

我们已经知道了在解读他人的情绪时要用同理心，能体会他人的情绪和想法，理解他人的立场和感受，并站在对方的角度去思考和处理问题；在事情发生的时候，能让自己进入他人的角色，体会他人因为环境、心理状态、生理状态等不同而产生的情绪。

同理心能让我们理解当事人当下的感受，也能对他们在遇到这件事情时所产生的行为和体验感同身受。但人的情绪是复杂而多样的，并不是所有情绪都是正面的。我们向正面的情绪产生同理心或者共情，对我们来说并没有多大的影响。但当我们共情负面情绪的时候，青少年一定要注意，给自己穿上"防护服"，因为共情过度会对我们造成很大的影响。

美国《今日心理学》里认为："生命中部分的生气及挫折可能会让我们骂无辜的人（或宠物）。"这种表现可以称为"转向攻击"。

杰克早上兴高采烈地去上班，完成了一天的工作后被老板叫到办公室里，指着一堆文件问杰克为什么这些文件到现在才送到他的办公室里。

杰克向老板解释说，因为公司的打印机坏了，所以要找人修打印机。结果修理打印机的人到下午快下班了才到，他在打印机修好以后已经马上把重要的文件打印出来并送过来了。

可老板还是很生气，认为杰克耽误了工作，并威胁杰克说，像他这样工作马马虎虎的人早就应该被开除了。

杰克在老板那里受了气，带着一肚子怨气回到了家里。可是本来已经到了吃饭的时间，家里的饭桌上却什么都没有，妻子玛丽在那里化妆，一点儿要做饭的意思都没有。

杰克质问妻子为什么不做饭，玛丽回答道："今天晚上我要参加一个朋友聚会，我昨天告诉过你了，你说你会带着孩子出去吃饭。"

可是杰克听了之后更加生气了："出去吃饭？你说得倒是简单，哪儿来的钱出去吃饭？我都快要被解雇了，出去喝西北风吗？！"

玛丽本来正开心地为晚上的聚会做准备，没想到却被丈夫骂了一顿。她觉得委屈又生气：我从结婚以来，每天都没日没夜地做家务，洗衣服、做饭、照顾孩子，都成家里的仆人了！我今天不过就是没做一顿饭，就受到这样的斥责，这段婚姻简直没有办法继续下去了！

玛丽越想越生气，眉毛也画歪了，现在又得擦掉重新画眉毛，而且去参加聚会的那份好心情也荡然无存了。

这时候儿子雷恩跑过来在她的床上跳来跳去，一边跳一边说："妈妈，我好饿啊，你快去做饭呀！"

玛丽看到雷恩的双脚沾满了泥，把她才洗好的白色床单都弄脏了，不由得怒火中烧。她扔下眉笔，冲着雷恩怒吼道："吃、吃、吃，就知道吃！跟你说过多少次了，不要光脚在外头玩，你就是不听！你看看我的床单，都变成黑的了，你以为妈妈洗衣服很轻松吗？！"说着她就揪着雷恩的耳朵把他给揪了下来。

雷恩捂着耳朵大哭。他明明很饿，已经饿很久了，爸爸不带他去吃饭，妈妈也不做饭，他的胃都饿疼了！

这时候家里的猫跑过来，在猫碗边上吃猫粮。雷恩不由得生气：哼！猫都有饭吃，我却没有饭吃。于是他抬脚就踹了过去。

猫被吓坏了，赶紧逃到了街上。这时候正好有一辆车开过来，司机为了避让横冲直撞的猫，把车开到了人行道上，撞到了一个走路的孩子。

这就是心理学里的"踢猫效应"，也就是一个人的恶劣情绪，很容易波及他人的情绪反应。踢猫效应形象地说明了负面情绪的巨大传染力，在这条传染链中，越是弱小的人越是容易受到影响。

我们都知道环境污染对人们健康的损害，所以我们面对空气污染会戴口罩、开空气净化器；面对水源污染，我们会喝矿泉水、给水龙头加过滤器；面对噪声污染，我们会戴防噪耳机保护耳朵……我们把自己的方方面面都保护得很好，却忽略了负面情绪污染这个不亚于环境污染的有害源。

对青少年来说，我们很容易受到环境里负面情绪的影响，相对家长和老师，青少年还都属于弱小的那一方。因为家长和老师的工作、生活中有着非比寻常的压力，他们很有可能不知不觉中让青少年置身负面情绪的影响里，而青少年也很容易就被这种情绪感染。

比如父母因为工作上的事情不顺心，就容易看孩子不顺眼，平时孩子考85分也许他们还觉得成绩不错，但是在他们情绪失控的时候就会觉得孩子简直是在浪费他们的苦心，继而将他们的怒气、不顺心转移到孩子身上，对孩子进行责骂。

心理学家的最新研究发现，当人们心情不好的时候，就会影响到同理心，会影响人们内在的、能够应对他人痛苦的能力，也就是说心情不好的时候会抑制同情心，对他人的痛苦视而不见。这也就是负面情绪会到处"传染"的原因，因为拥有负面情绪的那个人已经丧失了对自我情绪的掌控，更无法利用同理心思考负面情绪会给旁人带来怎样的痛苦。

更可悲的是，陌生人的负面情绪我们还有机会逃离开，可很多时候我们面对的是身边的人的负面情绪。这个时候，如果情商不高的人，就很容易被负面情绪传染。那么青少年要如何避免被别人的负面情绪影响呢？

首先我们要理解，谁都会有负面情绪。没有谁会一直处于积极快乐的情绪里，就像人吃五谷杂粮难免生老病死一样，是很自然的事情。当我们觉察到对方的负面情绪时，我们要把自己的情绪隔离开来，理解对方的情绪，不指责对方的情绪。

心理学家乔·塔瑟雷特（Qiao Tasserit）认为："处于过度消极情绪中的焦虑和抑郁症患者更有可能只关注自己的问题，并显得孤立一人。"因此我们要理解，一个处于情绪低谷的人，是很难关心周围人的感受的，所以原谅他的言行，就能让你在被负面情绪传染前切断传染源。

当我们被周围人的负面情绪影响时，我们本能地想要知道对方到底发生了什么事情，自己是不是做了什么让对方生气的事情。可是等到你发现你根本没有做什么错事的时候，你就会觉得自己受到了莫名的伤害，自我保护机制会启动，你会下意识地回击，因此就会引发冲突，而这时候你的情绪其实已经失控了。你无法专注地聆听对方的话，说话的声音提高了，速度加快了，这同样使得对方的负面情绪加剧，最终导致场面失控。

要明确地告诉自己：这件事情没有谁对谁错，你只是恰好出现在他人发泄负面情绪的时间和地点，对方说出的话、做出的事情并不是针对你，和你没有任何关系。

其次学会化解负面情绪。如果说发泄负面情绪的人和你关系普通，你大可以走开。但真实的情况是，那些影响到你的人可能是父母、老师、同学、好友。你很容易就被暴露在负面情绪的影响下，这时候该怎么办呢？

心理学家给了一个技巧，那就是调整呼吸。在我们意识到自己的情绪也到达失控边缘时，我们尝试着深呼吸。深吸气，保持一秒钟后再渐渐以放松的方式呼气，将这个动作持续60秒钟，你会发现理智似乎又回来了。因为深呼吸能够激活大脑里的副交感神经系统，从而减缓心跳速度和支配身体的舒张反应。

这个放松的技巧很有效，可以在我们突然遇到压力时，起到缓解情绪的作用。

我们的情绪得到了缓解，就可以试着去找出引发负面情绪的是对方的言行、态度还是别的原因。其实产生负面情绪多数的起因是自己的想法，当我们消灭了这种想法时，这种负面情绪也会跟着消失。

理解对方正处于情绪风暴的中心，很难说服他，那么你也不要让对方的情绪影响自己。不要回应对方的情绪，不要试图劝解、争吵、解释，让对方先把情绪发泄出来，你只要安安静静地陪伴就好。你的理智有助于对方更快地找回理智，这样做既不会被对方的情绪影响，也会让对方感觉到你有力的支持。

负面情绪如同传染病，生病并不是人的错误，但是我们不能忽略生活里确实有这么一些人，会故意散播负面情绪。他们发泄情绪不是为了自我调节，而是通过故意伤害他人得到某种心理上的平衡。在这种情况下，我们要给自己设定底线，明白什么程度的挑衅是自己能接受的，明白自己的价值观。一旦对方触及自己的底线，那么我们就要理智地和对方划清界限，不让他再进一步伤害自己。这样有理智、有原则的处理方式，会给我们的人际交往带来正面积极的作用。

第四章

高效表达自己

——更好地被这个世界微笑着接纳

命运自有安排，你只负责精彩。人生没有什么所谓的"外挂"，就是不断升级、升级，再升级！

表达能力：
人无我有，人有我精

几个朋友相约一起出去玩，方方因为家里临时有事去不成了。等到朋友们回来后，方方问朋友们玩得怎么样。小A把游玩的经过说了一下，方方想，好像也不是很好玩的样子。

后来方方遇到了小B，同样的情况从小B口里说出来仿佛变成了另一件事情。通过小B的描述，方方仿佛跟着他一起游览了路上美丽的风景，而且朋友们之间发生的各种有趣的事情仿佛亲身经历了一番。

为什么同样的事情两个人说出来却有这么大的差距？这就是表达能力的不同造成的。

表达能力有多重要？大到学校、班级内的演讲，小到向同学、朋友描述一件事情，或者表达自己的想法和情绪，都离不开它。

美国成功学大师戴尔·卡耐基说过："当今社会，一个人的成功，仅仅有15％取决于技术知识，而剩下的85％则取决于人际关系及有效说话等软实力。"当今这个讲究人际沟通的时代，卓越的表达能力是帮助青少年成功的重要武器。

我们发现身边情商高的人多是"能说会道"的。日常生活里和他人的交流不可避免要靠语言，言语的表达就是为了一定的交际目的，在特定时空条件下针对具体对象表达思想内容。如何准确生动地把语言材料组织成话语，从而准确地表达某种特定的思想内容，这也是一种交际能力。

表达能力（Expression competence）又被称作"表现能力"或"显示能力"，是指一个人利用语言、文字、图形、表情和动作等，把自己的思想、情感、想法和意图等清晰明确地表达出来，并能让他人顺利理解和体会。

它包括口头表达能力、文字表达能力、数字表达能力、图示表达能力等形式。但是数字表达能力和图示表达能力属于专业范围内修炼的基本技能。在情商的范畴内，我们主要强调口头表达能力和文字表达能力。

语言能力基础上发展出的表达能力，主要由以下几点组成：

1. 形成话语的能力。

也就是人根据想要表达的内容能在大脑中选择语言材料，并组织成语言诉之于语音或者书写成文字。

2. 自我调控的能力。

当说话者在表达的时候，一旦发觉自己的描述偏离了主题，能立刻调控，将话题带回正轨。

3. 针对对象调控的能力。

表达者能及时发现听众的情绪改变，然后对表述的内容和表达的方式进行调整。

4. 针对环境调控的能力。

说话者表达的内容根据周围环境的变化能进行相应的调整。

想要具备这四种能力，需要表达者具备敏锐的情绪洞察力和高超的语言组织能力、调整能力。

看看你是不是这样：

1. "呃……"是你的招牌口头禅。每说一句话你都要"呃"一下，或者经常"呃"后一段空白。

2. "然后"小姐／王子。在你说出的一大段话里，出现频率最高的两个字就是"然后"。这两个字从头说到尾，别人听完你说话，除了满耳朵的"然后"，其他的什么都想不起来了。

3. "特能说先生／小姐"。你特能说、特敢说，却不受欢迎。每次你说话的时候，大家都要找借口逃走，或者假装没听到。

4. 在很多人面前说话，脑袋总是空白的。

5. "不知所云"。你的话特别多，有表达的欲望，大家望着你侃侃而谈，然而等到你讲完了，大家一脸蒙，因为不知道你到底想要说什么。

戴尔·卡耐基说过："一个人的个性和有效说话的能力，在许多情况下，比哈佛的文凭更加重要。能够站在众人面前从容不迫、侃侃而谈，将使你前途无量。"

其实表达的风格有千万种，没有统一的标准。有人表达时让听者如沐春风，有人表达时器宇轩昂、理直气壮；有人心平气和、温柔委婉；有人言辞犀利、句句到位、直指人心。无论是怎样的表达风格，能做到从"会说话"到"说得好"，最终到表达最高阶段"深入人心"，必须经过努力地练习。

人们面对事情的时候会产生各种各样的情绪，对情绪，每个人有不同的处理方式。有人隐忍不发、默默承受，甚至忍出"内伤"；有人暴跳如雷，让情绪排山倒海般发泄出来，一点儿都不在乎别人的感受。

这些做法都是有问题的，所以对情绪的处理，成为衡量情商高低的一把重要标尺。高情商的人懂得如何觉察自己的情绪，并通过准确的语言和方法对其进行控制，进而改变不利的状况。

丫丫是个听话又懂事的小女孩，在她七岁的时候，妈妈又生了一个弟弟。家里大人开始围绕着小弟弟转，也教育丫丫："你是大姐姐啦，要让着弟弟。"

丫丫十一岁的一天，放学回家后就自觉地开始写作业。爸爸出差回家带了两盒巧克力给姐弟俩。弟弟早早吃完了巧克力，丫丫吃得慢，把剩下的巧克力放在冰箱里，打算今天做完作业再吃。

可是等她做完作业，发现弟弟正吃着她的巧克力。丫丫走过去把巧克力拿走了，告诉弟弟："你有蛀牙，不可以再吃这么多甜的东西，而且，这个巧克力是我的。"

弟弟听了这话之后不干了，坐在地上哇哇大哭起来。

奶奶从厨房里出来，看到弟弟哭了，不由分说地先教育起丫丫来："你是姐姐，要让着弟弟，弟弟还小，你不要和弟弟抢东西，快把巧克力给弟弟！"说着就把巧克力从丫丫手上拿走，塞给了弟弟。

丫丫觉得委屈又生气，很想和奶奶理论，但还是忍住了。等到爸爸妈妈下班后，丫丫很郑重地和爸爸妈妈说："巧克力是我的，我有权不给弟弟吃。弟弟的牙齿不好，再吃巧克力牙会更差，我不给他吃是对他负责任。奶奶的话也让我感到很委屈，从小到大你们总让我让着弟弟，请你们想一下我的感受。

"弟弟做了错事就大哭，为了让他不哭，你们就给他好吃的。我一直听话，却从来没有得到奖励。你们这样做不仅让我觉得爸爸妈妈不公平，更是对弟弟不负责任，会让他觉得做了错事只要大哭就可以逃避惩罚，还能得到意外奖励，而像我一样听话反而没有任何好处。等到他长大了，很容易会变坏。以后他在学校里或是走到社会上，可没有人会像我一样让着他。希望你们能理解我的感受，也希望你们对弟弟负责。"

爸爸妈妈和奶奶听了丫丫的话以后，开始反省长久以来的教育方式。他们也发现，虽然不是故意的，但因为丫丫平时太懂事了，他们反而忽略了她的感受，对丫丫确实很不公平。从此以后，爸爸妈妈和奶奶开始纠正自己做得不对的地方。

很显然，丫丫是个很有表述能力的孩子，在面对不公平的时候，情商低的孩子往往会反应激烈，去指责家长的不公平，进而导致家长觉得这个孩子不懂事。哪怕真的有不公平的地方，也会被家长忽略。而高情商的孩子就懂得如何表述自己的感受，如何陈述家长不对的地方，而不是简单地抱怨、指责家长。

那么青少年该如何提高表达能力呢？大家可以通过以下几个方面去努力。

第一点，读书、读书，再读书！

无论是口头表达还是书面表达，归根到底都是一种输出。"书是知识的源泉"，也是语言的基础。如果我们知识贫乏，肚子里没有存货，任我们巧舌如簧也说不出什么。只有不断输入，将那些知识转化为自己的一部分，这样在输出的时候，我们才不会觉得像壶里的饺子倒不出来，无话可说，或者拿起笔一个字都写不出来。

我们看书不仅要看专业知识，对天文、地理、物理、化学、历史、艺术等都可以有所涉猎。要博览群书，善于学习各方面的知识，尤其要多看名著，看文学大师是如何组织文字进行表达的。必要的时候我们可以把那些精辟的论述、生动形象的句子、优美的描写都记下来，积累多了，在表达的时候自然而然能旁征博引、出口成章。

第二点，青少年要多看、多想。

看，不仅是看书，也是要多留心观察生活，而且要带着心去观察。语言是思维的反映，思维是语言的基础。只有平时加强思维训练，注意学习，在实践中观察事物的规律，我们才能获得敏锐的思维。敏锐的思维可以帮助我们在说话的时候及时掌控局面，在不同的场合都能脱口而出、冷静自如。

第三点，学会理性表达。

在日常生活里，为了让自己的意见获得他人认同，我们经常会与他人进行双向沟通。而事实上，我们越渴望他人认同我们的意见，越容易陷入

"以自我为中心"里。我们会只顾表达，而无视对方的反馈，更糟糕的是有时候会演变成各抒己见、沟通破裂的局面，甚至上升为口角冲突。

所以我们在表达一件事情的时候，要理性表达，不要陷入"以自我为中心"的境况，要有一颗开放的心，保持理性去尊重对方。

要多多使用"参与式"的表达法。在表达的时候，我们也要给对方留有发言与询问的机会，千万不要只顾表达自己的意见和观点，完全不理会听者。让听者参与到你的表达中来，也能提高你的表达效果。

第四点，勤加练习。

英语中有句谚语："Practice makes perfect.（练习造就完美。）"中文中对应的一个成语叫"熟能生巧"。

一个人想要掌握一门技能，离不开勤学苦练；想要提升表达能力，更离不开练习。

多多朗读，你可以对照着喜欢的主持人来学习发音，校正不正确的发音，也可以跟着他们学习朗读的语调、语气以及姿态，学习如何吐字清楚、音量适中，把握语言的节奏，使得说话时有轻重缓急、抑扬顿挫；多多实践，不要惧怕在人前说话，积极参加各种能增强口头表达能力的活动，比如班会、学校的演讲会、辩论会、文艺晚会等，珍惜每一个锻炼的机会。

一个人想要提升文字表达能力，就要多写。可以从记录生活开始，哪怕你写上几句话，把每天在现实生活中发生的事情记录下来，这样同时锻炼了观察能力。在读完一本书后尝试着写读后感，思考一下这本书好在哪里，你从书里学到了什么。

这种思考和形成文字的过程，有助于我们对书的记忆，这些文字也会成为我们口头表达的素材。每天笔耕不辍，坚持不间断地练习，只要我们勤于学习、大胆实践，事后善于总结、及时改进，我们的表达能力就一定能得到提升。

少说"我"多说"你"：
不要吝啬你的赞美

美国的幽默大师、小说家、作家，也是著名的演说家马克·吐温（Mark Twain）说过："一句精彩的赞辞可当作我十天的口粮。"莎士比亚（William Shakespeare）也说："称赞，即是我的薪俸。"

我们都有这种感触：如果这一天被老师或者同学称赞了，那么一整天的心情都好得不得了；如果被批评了，那么起码三天会感到垂头丧气。如果我们一点点的进步被父母发觉了，得到了他们的赞扬，那么接下来我们的干劲就更足了。

喜欢听好话，是人类的天性。因为每个受到赞美的人自尊心得到了满足，便会情不自禁地感受到鼓舞和愉悦，进而对赞美者产生亲切的感觉，缩短人和人之间的心理距离。赞美是人际关系的润滑剂和助燃剂。

哈佛大学心理学教授罗森塔尔（Robert Rosenthal）曾做过一个教育效应的实验。在这个实验里，他把一群小老鼠分成A、B两个小组，并分配了不同的实验员。他告诉A组的实验员，A组的小老鼠特别聪明，要好好训练；然后对B组的实验员说，B组的小老鼠智力普通。

两个实验员分别对两组老鼠进行训练。一段时间后，将老鼠拿来进行测试，让老鼠穿行迷宫。哪只老鼠走出去了，哪只老鼠就能得到食物。但是在迷宫里，老鼠经常会碰壁，只有聪明的老鼠才能顺利走出迷宫，吃到食物。而实验的结果发现，A组的老鼠走出迷宫的成功率远远高于B组。

是A组的老鼠真的聪明吗？并不是这样的。罗森塔尔教授指出，两组老鼠是随机挑选出来的，在他交代实验员的时候，实验就已经开始了。实验员并不知道自己手里的老鼠是什么样的，但是教授告诉他是聪明的老鼠，所以他就用对待聪明老鼠的方法进行训练，结果A组的老鼠真的就变聪明了。

而B组的实验员一开始就认定B组的老鼠是普通的，不值得用聪明的方法训练，所以B组的老鼠就真的是普通智力了。

随后，罗森塔尔教授又对学校里的学生做了这个实验。他在一个班上随机挑了几名学生，然后告诉老师，这几个是特别聪明的学生。老师觉得很惊讶，因为平时没发觉这些孩子的过人之处，但既然教授这么说，那么这些学生一定就是聪明的。

于是老师对这几名学生格外留心，也常常告诉他们教授的话。一段时间过去了，罗森塔尔教授又一次回到学校，发现这几个学生果然学习都有了很大的进步，变成成绩优异的学生了。

所有人都希望受到赞美，希望自己的价值和能力得到认可。心理学家指出，每个人都在不同程度上把自己看成"中心"，因此大部分时候，我们更关注自己而忽略别人的存在。对青少年来说，这种情况更为普遍。

每个青少年都是家庭的中心，家里的长辈都围着他转，所有人的注意力都集中在他一个人身上，导致青少年很容易陷入以自我为中心的狭隘小天地里，认为自己是最重要的。然而作为群体中的一员，交往是相互的，一个人一味把自己摆在中心的位置，反而会被边缘化。

歌德说："赞美别人就是把自己放在同他一样的水平上。"

我们在渴望得到别人的认可和赞美的同时，也不要吝啬自己的赞美，因为人的感情是互通的。只有"去中心化"，我们才更容易赞美别人。

在和别人的交往中，青少年要多看到"你"，少看到"我"。只有眼中有了"你"，一个人才能真正敞开心扉发现对方身上的优点，然后加以赞美。

我们要多说"我们"，少说"我"。心理学家研究发现，如果总是使用"你""我"这样的字，人们自然而然就产生了"你是你""我是我"的壁垒，而当我们常常使用"我们""咱们"这样的"群体"词语时，听者自然而然就产生了包容感，自动将说话的人归于同一个群体里。

美国哲学家与心理学家威廉·詹姆斯（William James）说过："人性的根源有一股被人肯定、称赞的强烈愿望。"

我们要养成赞美他人的习惯，赞美是人际交往中的魔术，仅仅付出一些言语，却能收获友谊甚至成功。

愿意赞美别人的都是善于发现别人优点的人。这样的人往往心胸宽广，并且善于观察。赞美，就像是一把火炬，不仅温暖别人，同时照亮自己。它不是单方面受益的事，而是能达到双赢的效果。

赞美能化解人际交往中的矛盾，消除隐藏的怨恨，推动友谊的发展。通过赞美，我们不仅能发现别人的优点，也能发现自己的缺点和不足。我们被对方的优点触动时，就会产生对美好的向往，因此也会推动自我的发展，在赞美别人的同时完善自己。我们不仅温暖了别人，也温暖了自己。

赞美得当才会有好的效果。如果你赞美不当，非但不能收到积极的效果，反而会让人觉得你这个人太虚伪，只会阿谀奉承，甚至会误会你在说反话。

比如我们对着一个身材丰腴的同学，就不能赞美他"身材苗条"，而应该抛开他的缺点寻找他的闪光点进行赞美。

赞美不是随便说几句好听的话，更不是拍马屁、阿谀奉承。赞美同样需要技巧，要懂得审时度势。我们一起来看看如何赞美别人吧。

首先，赞美一定要真诚。

过于浮夸的语言不能让对方信服，赞美一定要真诚、适度、发自内心，不要让人觉得你虚伪。赞美别人的时候你一定要看着对方的眼睛，这样才能表达你的诚意。

赞美的时候，语气要真诚大方，脸色也要自然，当你看到值得赞美的闪光点时，不要吝啬你的赞美，但是也不要为了夸奖而夸奖，否则会给人一种"无事献殷勤，非奸即盗"的感觉。

其次，赞扬必须具体，不要言之无物，空洞乏味。

赞美的话一定要有具体的内容，内容越具体，可信程度越高，对方越容易感受到你的真诚。

有一次卡耐基去邮局取挂号信，可是接待他的那位职员对工作很不耐烦，对待顾客也很冷淡。卡耐基希望那位职员能高兴起来，仔细观察着那位职员，试图从他身上发现值得赞美的地方。可是那位职员穿着洗得发旧的统一制服，既不英俊也不高大威猛，还一脸不高兴，似乎没有任何一处值得赞美的地方。

职员把信件找到了，递给了卡耐基。卡耐基接过信的时候，很诚恳地望着他说："您的头发太漂亮啦！"

邮局的职员听到这话后很惊讶地抬起头，脸上露出微笑，甚至有些羞赧："哪里啊，不如从前了。"

卡耐基回答："是真的，您的头发真是像年轻人的头发一样，颜色漂亮又有光泽！"

邮局职员高兴极了，他们愉快地交谈起来，甚至排在卡耐基身后的顾客也加入了交谈中。

职员说："很多人问我究竟是怎样保养头发的，我都告诉他们其实这是天生的。"

卡耐基离开的时候，看到那位职员一扫脸上的阴郁之色，带着开心的笑容接待每一个客人。一次真诚的赞美，能给人带来一整天的好心情，使人忘记工作的不快。

最后，我们要去赞美他人看重的部分。

每个人都有自身看重的地方，我们在赞美他人的时候，赞美对方看重的地方效果最好。我们可以回顾一下平时对方说过什么、爱做什么，然后有针对性地对其进行赞美。

比如有的同学爱画画，你就可以赞美他的画；有的同学爱打球，你就赞美他的球技；有的同学喜欢唱歌，你就赞美他的嗓音等。

从现在起，不要吝啬你的赞美，青少年只要学会了真诚地赞美别人，就能收获友谊的果实，让你在人际交往里无往不利。

各予所需:
好听的安慰，有用的安慰

你有没有遇到这种情况?

你生病了，收到的"慰问"是："你看你！怎么身体这么弱！身体弱还不多穿几件衣服！"

这不是雪中送炭，简直是雪上加霜。

你考试没考好，收到的"慰问"是："我说吧！我就说那个知识点要考，让你多看看你不看，看吧，考成这样了！"

你去参加一个歌唱比赛落选了，他"安慰"你说："早就劝你别做白日梦了，那些选秀都是有黑幕的，看吧，这下落选了。做人要脚踏实地，不要想着一步登天。不过这样也好，你正好可以安心好好学习了！"——这不叫安慰，这叫插朋友两刀。

人在社会中总是想努力地获得认同，想获得归属感和被爱的感觉，青少年只是刚刚开启人生之路，难免会遇到各种挫折。人在心理受到伤害或期望不能得到满足时，会对现实产生悲伤情绪。

我们都想在难熬和情绪低落的时刻得到朋友和家人的安慰，别人的安慰会让我们有被爱、被关心的感觉，心里的伤痛就会减弱，得到再次起航的力量。可是有些话看似是安慰，听起来却像是幸灾乐祸，更有一些则像是在自夸。

现在的青少年，大部分时间是幸福和快乐的，但人总是免不了会遇到烦恼。父母的误解、学习上的困难、同学间的矛盾、老师的批评、朋友间的小摩擦、人生中的小失落和不如意、亲人的突然离世等，也许顷刻间就会让人觉得心灰意懒、情绪低落。这些小烦恼谁都无法避免，谁也说不清楚哪一刻就会落到自己的头上。在这种时刻，人们需要理解和安慰，强者也不例外。

安慰需要技巧，没有技巧的安慰会弄巧成拙。当想要去安慰一个人的时候，你一定要谨记，你是为了支持和帮助他，千万不要让安慰变成二次伤害。

有的人认为"大家惨才是真的惨"，我们总以为能安慰别人的唯一办法是让他觉得世界上有人比他更惨，于是乎安慰变成了比惨大会："你这算什么啊，想想非洲没有水喝、没有饭吃的孩子，你这都不算事儿！"

可是别人要的是安慰不是指责，有的人却一点儿都不注意，非但不好好安慰别人，反而变成了指责。

怎样的安慰才是高情商的安慰？

我们先试着回想那些安慰你的人说过的话，那些话是不是非但没让你感觉到被安慰，你反而会觉得麻木甚至感到被侵犯？那么也把那些话记住，在以后你安慰别人的时候，避免也说那样无用的陈词滥调。

"我就在你身边""我愿意听你说""你随时找得到我""我明白你的想法""我很关心你""我会陪着你的""我能感受到你的悲伤""我是值得你信任的人"……

这些话或内容类似的话，是不是在你想安慰别人而不知道该说什么的时候也说过？当我们不知道该怎样安慰别人的时候，往往会说这样空洞无用的话，而不是发自内心的真诚话语。

这样的话不仅安慰不了别人，还可能会拉开彼此的距离，尤其是当表现得好像我们什么都明白，知道什么才是对对方最好时更会适得其反。而正经历伤心和苦痛的人，并不想听到那些指导或者智慧之言，需要的是真诚地聆听和用心地回应。

有时候我们什么都不说，只是静静地听着就是最好的安慰。一个人的痛苦，其实很难真正被他人感同身受。我们应用自己的同理心去理解对方，寻找合适的安慰的话和行为。对安慰者来说，如果可以做到不妄加评判，只是耐心倾听，其实就是一种莫大地安慰。

很多时候他们只是想有一个人静静地陪着自己，哪怕不说话，他们都会感到温暖。当他们想倾诉的时候，有个人愿意倾听，让他们可以尽可能地表达自己心中的郁闷和难过。他们也许不需要什么建议，只要有人聆听他们的困境，就会让他们感到不那么悲伤。

如果对方说得不多，你可以说："你想谈谈吗？"然后把选择的权利交给他。即使你什么也做不了，但陪在他身边就够了。你可以问问他，可以为他做什么让他不那么孤单，要让他知道有人一直陪在左右，你是他最坚强的后盾。

不要忽视身体语言，有时候无声的身体语言胜过千言万语。心理学家发现，在人们意志消沉、情绪低落的时候，一个拥抱或者借一个肩膀让对方依靠，一个轻轻的抚摸肩膀的动作就能给他们带来足够的安慰。身体的接触，会让他们感觉不那么孤单，也会让他们感到自己是被理解的。

当然在使用肢体安慰的时候，要注意如果对方抗拒这种身体上的碰触，就要果断停止，不然会让对方感到更不舒服。

英国有一个著名的芭蕾舞童星艾利（Ailey），她在十二岁的时候不幸患上骨癌，不得不接受截肢手术。手术前她的亲朋好友都来探望她。有的人安慰她说："别难过，要相信奇迹，说不定你还有站起来的机会。"有的人说："你是个坚强的孩子，不用害怕，我们都在你身边。"有的人说："你是个有天赋的孩子，就算戴着假肢，一样可以跳舞。"

艾利只是默默听着，然后向大家致谢。

艾利是戴安娜王妃（Diana Spencer）的粉丝，曾受到过戴安娜的接见。戴安娜曾赞美她是"一只洁白的小天鹅"，艾利很想见到她的偶像。

经过父母和教练的努力，戴安娜知道了艾利的愿望，也在百忙之中赶到了艾利的病房里。她看到病床上的艾利，紧紧地把她搂在怀里说："好孩子，我知道你一定很伤心，想哭就好好哭一场，其他的事情以后再说。"

艾利听后顿时泪流满面。自从生病后，她听到过太多太多安慰，可是这样拥抱着她让她好好哭一场的人一个也没有，而她现在最需要的就是能让她纵情痛哭的怀抱。

不要轻视他人的困难。人的痛感阈值不同，对痛苦的感受也不同。有人被人翻了一个白眼，就会伤心难过一整天，而有的人哪怕亲人去世了，也能咬着牙不掉一滴眼泪。

每个人遇到的烦恼和痛苦不同，也许只是一场考试没考好，也许只是和别人发生了矛盾，也许只是被老师批评了几句，也许只是在某次比赛上失利了。

其实这些都不是什么大不了的事情，他们也很快就会从这些难过里走出来。但是当他们正经历这些苦痛的时候，你不要说"这不是什么大不了的事情""这不是世界末日"或者"问题没那么严重"。这样的话只会让对方感觉更糟糕。我们要像自己正在经历这些事一样，去体谅正在经历苦痛和困难的人，这样这件事就是很严肃的问题。

我们在给予别人安慰的时候，一定要真诚而有耐心，否则会让对方的情绪更低落。要让他知道你的关心，但是又不会打扰到他，他就会慢慢从情绪低谷里走出来。

说服的终极目标
是心服

《战国策》的开篇写道："三寸之舌，强于百万雄兵；一人之辩，重于九鼎之宝。"足可见说话的力量。

有许多"很能说"的人，在和别人讨论的时候往往恨不得用自己的三寸不烂之舌把对方所说的意见驳倒，自以为说服了别人，却不知道别人不过是"口服"并没有"心服"。

孟子曰："以力假仁者霸，霸必有大国。以德行仁者王，王不待大。汤以七十里，文王以百里。以力服人者，非心服也，力不赡也；以德服人者，中心悦而诚服也，如七十子之服孔子也。《诗》云：'自西自东，自南自北，无思不服。'此之谓也。"

孟子说："用武力而假借仁义的人可以称霸，所以称霸必须是大国。用道德而实行仁义使天下归顺的人，不用依靠国家的辽阔。商汤只有方圆七十里，周文王只有方圆一百里。用武力征服别人的，别人并不是真心服从他，只不过是力量不够罢了；用道德使人归服的，是心悦诚服，就像七十个弟子归服孔子那样。"

情商：一本给孩子的人生格局书

这也就是告诉我们，如果你只会用武力去制服一个人，就算这个人表面上很听你的话，内心去并不服你；如果你能以品德去使人信服的话，那么他便会真心佩服你。

戴尔·卡耐基说过："我们绝不能对任何人——无论其智力高低——用口头的争斗改变他的思想。"

争论和武力一样，只能让人一时噤声，却无法让对方心悦诚服。有的人为了说服别人，总是不断提高嗓门，认为嗓门越大越有道理。有的人则是"舌战群雄"，甚至非要争论个面红耳赤、至死方休。短暂的口头上的胜利，看似胜利，其实只是虚假的现象，刚才的那些也都是浪费精力和时间。对方如果不想和你争论下去，不代表他认同，更大的可能是他觉得和你这样争论下去没有任何意义，不想做无用功了。你不仅牺牲了精力和时间，更牺牲了他人对你的好感。

正如富兰克林（Benjamin Franklin）说过的："如果你老抬杠、反驳，也许偶尔能获胜，但那是空洞的胜利，因为你永远得不到对方的好感。"曾任美国财政部长的威廉·麦肯铎（William Mackendor）更是把多年政治经验归结为一句话："靠辩论不可能使无知的人服气。"

那么我们要怎样说才能让对方心服口服呢？

首先，说服别人要有耐心。

我们在试图说服别人的时候内心或多或少会着急，所以就会带有不耐烦的情绪。这种情绪会让我们丧失提高自我的意识，很容易陷入误区，把说过的理由翻过来、倒过去地说了又说，说来说去还是那一套。

我们在说服别人之前，首先要做好准备工作，耐心地研究对方的想法，揣摩对方的心思，把对方的问题摸清楚、反复研究、仔细思考，然后在此基础上进行研究分析，得出解决问题的办法，这样才让自己得到正确的判断，也让自己的说辞有足够令人信服的理由。不要急着想要对方信服，也不要急于听到类似"听君一席话，胜读十年书"这样的赞美。

事实上，在多数时间，人们是很固执的，很难被说服。我们要做好打持久战的心理准备，不要急着行动，给大家多一点儿思考问题的时间，这样我们就不会急躁了。诸葛亮想收服孟获还七擒七纵呢，我们为什么不能多一点儿耐心？

其次，我们要尊重他人的意见。

如果你想用某一种理由说服对方，首先要知道别人的意见。如果你连对方的意见是什么都不知道，如何能针对对方的意见进行反驳，进而达到说服的目的呢？你要先听取对方的意见，以便掌握足够的信息，知道他的立场和理由，然后再用适当的方式进行说服。

我们不妨认真思考一下对方的意见，也许对方是正确的呢？当别人提出自己的看法，而你一再忽视的时候，对方就会感觉到受了伤害，不会再有继续交谈下去的愿望。那样的话，你连说服别人的机会都没有了，还谈什么心服呢？

试图说服别人时，如果我们没有任何技巧而直接指出对方的错误，通常很难有效果。因为人在被指责的时候，为自己辩护是人通常的反应。所以，我们就需要采用间接方法让对方意识到错误，比如通过自己的错误来暗示对方，也可以采用比喻的方法来规劝。我们要避开现存的具体问题谈其他的，进而引起对方的思考，让他们自己意识到错误。

我们应该充分尊重他人的意见，如果对方是错误的，你就心平气和地说出自己的意见以及缘由，让对方也能在平和的情绪里考虑你的建议；如果对方的意见是正确的，那对你也没有什么坏处，你虽然没有让他服气，却收获了正确的结果，何乐而不为呢？

根据心理学家奥佛斯屈（Ovostro）教授的理论，"不"的反应是很难克服的。当一个人说了"不"字以后，他的自尊心会迫使他继续坚持说"不"。所以，从一开始我们就要尽量不给对方说"不"的机会。

你想要说服对方，而且已经知道对方和我们意见相左的时候，一开始不要先把分歧拿出来讨论。那些认为先攻克最难的堡垒的做法在这里是不适用的，你要做的是找出你们意见的共通点。

当开始聊下去的时候，对方会一直认为你和他的意见是相同的，会对那些意见不断表示赞同，这样他的思维就产生了"是"的惯性。然后你再一步一步地把你们的分歧拿出来讨论，对方心理上没有了抗拒，就很容易接受。

最后，在说服别人的时候我们要保持自信。

卡耐基梅隆大学的研究表明，人类的喜欢来自有把握的渠道——即使知道这些渠道没有非常好的记录。因此在你试图说服别人的时候要保持自信。记住：自信会引人注目，也会令人感到兴奋并产生吸引力，这些优点都是说服别人的助力。只有你自己先保持自信，才能让别人相信你。

虽然我们总是想要说服别人，也要知道世界上有些人真的就是无法被说服的。当你真的遇到了这样的人，无论你怎么说他只会一直跟你说"不"的时候，就不要纠缠不休了，放弃也没什么大不了的。

学会拒绝：
不为名誉而生，但要为荣誉而活

在人际交往中，如何拒绝别人则更是值得学习的课题。

当遇到别人的请求，而那些请求是我们办不到或者不愿意去做的事情时，无论答应还是拒绝，对我们来说都是非常困难的。我们既不想违心接受，又不想伤害大家的感情，总之，说"不"是一件特别需要情商的事情。

刘敏邀请佳佳参加聚会，可是佳佳并不想去，于是佳佳回复说："对不起啊，那天我表姐从外地来我家，我必须陪表姐。"

佳佳以为成功地拒绝了刘敏，没想到过了几天刘敏又来邀请她："我们已经把聚会的时间改了，这下你能来参加了吧？"

佳佳实在没办法再找借口了，只好说："对不起啊，我真的没空去参加那个聚会，谢谢你的邀请。"

刘敏这下不高兴了："你这个人怎么这样啊？你不想参加早说呀，害得我们专门为你改时间！"结果两人不欢而散。

我们大多数人遇到过这样的困扰：承诺帮朋友买个东西，结果跑遍全城也没买到，一整天劳心劳力，耽误了功课不说，还换来一句"买不到早说啊，害我等一天"的抱怨；刚买来的游戏盘还没玩两下就被朋友借走，过了好久对方也不还，提醒的次数多了，还被安上了"小气鬼"的帽子……

这样的事情真是又烦又累又闹心，当初我为什么没开口说"不"呢！

我们为什么害怕拒绝别人的请求？心理学家认为，因为我们本身害怕被别人拒绝，这种恐惧感会让我们觉得如果拒绝了别人，对方一定难以承受，因此就会产生负罪感。

人对负罪感是有恐惧心理的。我们害怕拒绝别人，害怕拒绝时尴尬的场面；害怕被拒绝的一方从此之后就讨厌我们；害怕自己的价值因为拒绝而消失，朋友以后再也不需要我们了。

但是很多时候，如果被请求的事情超出了能力范围或者不符合自己的道德准则，我们没有适时表达拒绝，就会让对方心生幻想。我们最后无法让对方满意的时候，双方的关系损伤会更大。

有的人是不懂得拒绝，缺乏坚定的立场，又缺乏自主性，很容易就屈服于别人的愿望，服从别人的指示。他们即使心里并不情愿，可还是不能说"不"。这样的人大多性格比较内敛，不爱表达，或者不知道如何表达自己的态度和看法，因此只会对别人的要求让步，舍弃自我。长期下来，他们的内心也会越来越抑郁，但是他们还没有能力找出问题所在，所以只能用"天生如此"来说服自己。

拒绝是一种能力，但是中国传统的美德很看重"乐于助人"，仿佛拒绝了别人就变成"坏孩子"一样。拒绝是和我们内心已经形成的道德观相违背的，也和某些从众心理有关系，所以我们很害怕拒绝别人，不得不戴着面具生活，面具上是个"滥好人"，面具下是个"抱怨者"。

113

我们面对"是"和"不"的问题时，明明心里很想说"不"，却无力拒绝，常常事后后悔，所以下意识地选择逃避，以寻求心理上一时的安慰。

其实，我们选择说"不"的时候会发现，拒绝别人不是可怕的事，结果也不会有多糟糕，被拒绝的一方也没有你想象中那么脆弱。在这场"战役"中，我们战胜的其实是自己的内心。

我们首先要懂得，"拒绝"不代表没有礼貌。当别人提出请求的时候，我们要礼貌地倾听，不要随便打断对方的话。当请求别人帮助的时候，人们总是采用委婉的表达方式，说了半天，都没有把请求别人的事情说出来。所以我们一定要礼貌地听完对方的话，了解他真正的请求。

拒绝的时候要有礼貌。就算对方不礼貌，你也要有礼貌，尤其是对一些推销产品的人，那是他们的工作，如果你不想购买他们的服务或者产品，也不要轻视对方，而是要面带微笑，礼貌地说："不用了，谢谢！"

当你拒绝一个人时，不要提高音量，也不要表示不满，哪怕你觉得这是个不可思议的请求。你要做的，就是用自信、明确的态度告诉他："对不起，这个忙我帮不上。""对不起，这件事我做不到。"

拒绝的立场要坚定，态度要和蔼。拒绝别人的时候，你可以态度坚决，但是不要面带不悦。如果你因为听到对方的请求而突然转变态度，会伤害请求者的感情。而你态度温和地拒绝别人，也容易让人接受。

拒绝别人的时候要给对方一个简单明确的拒绝理由。有时候，只是简单的拒绝，对方也许会继续劝说，这时候你要告诉对方，为什么你要拒绝他。你只要简单说明就可以了，不需要进行非常详细的解释，太详细的解释会让对方感觉你在找借口。

如果你不想解释也无妨，就说："对不起啊，这个我做不到。"然后可以换个话题，或者礼貌地告别。拒绝别人最重要的一点就是：记住，你有权拒绝别人的要求，这是你的正当权利，不是你应尽的义务。

老好人有时候也会被叫成滥好人，是因为他们往往没有底线，只要别人请求，他都不会或者无法拒绝，轻易就答应自己做不了的事情。

我们要给自己设界限，什么样的要求是必须拒绝的，丝毫不要给对方留有幻想而违背自己做人的原则。

比如我们通常不需要考虑、一定要拒绝的要求有违反国家法律的犯罪行为、违背自己价值观念的要求、有损自己人格尊严的要求、低俗的要求、会助长虚荣心的要求等。这些都是有害的要求，如果我们不态度坚决地拒绝，很有可能造成极坏的后果。

而有些要求，是你并不乐意去做，会损害自己的感受、浪费时间、精力的。这样的要求，就可以用以下方法拒绝。

1. 干脆拒绝胜过无限拖延。

我们往往害怕给别人一个薄情寡义、不通人情的印象，当我们既不想做自己不想做的事情，又想给对方留个好印象时，大部分的时候会选择拖延。

"哦，是这样，可是我还没有想好，等我考虑一下再说吧。"

"哎呀！对不起，今天我还有事，下次再说吧。"

"哦，我再和别人商量一下，你也再想想，我们过几天再决定好吗？"

一般人如果得到这样拖延的回答，大多会明白你的言外之意就是拒绝。但是对有些人不是这样的，他们看到你不肯定地回答，就觉得还有希望。这种希望就是他们的"付出"，因此当你一而再再

115

而三地拖延后才表明你的拒绝，比直接拒绝对方造成的伤害更大。

有时候拖延回答是有用的，但是如果你拖延过一次，对方仍旧发出第二次要求，你就要给对方一个明确的答复了。你以为你的拖延真正维护了自己的形象吗？没有，也许结果会更糟，对方会以为你是个不讲信用、不靠谱的人。

2. "老好人"，不当也罢！

不懂得拒绝别人的人，看似好相处，自己也会有这种错觉：我的人缘好，大家都来找我帮忙！

你从不拒绝，别人就会认为你好说话，把脏活、累活、琐事都塞给你做。这样找你帮忙的人越多，你感觉越好，以后就更难以去拒绝别人，日积月累下来就会变成要命的人情负担。

你不停地在为别人的事情忙碌，马不停蹄地帮别人分担，时间久了，你的付出就变成了"顺理成章"，得不到应有的理解和尊重，更会被有心人利用，被他人轻视。

3. 学会有条件地答应。

如果对方提出的要求不是非黑即白，也不涉及法律、道德、规矩层面上的问题，有一部分在你力所能及的范围内，你可以考虑有条件地答应，也就是说你可以说："可以……但是……"比如拟一份协议，要求更多的支援，以寻求人际交往中的双赢局面。

比如你画画特别好，如果有人请你为班级宣传活动做宣传海报，但是你并没有那么多时间，可以说"我可以做海报，但是我需要两个人帮忙"，或者"我可以做海报，但是下周不可能做出来，我需要三周的时间"。

说"不"既是勇气，又是能力。看清自己的内心，看清问题的所在，我们才能真正解决问题。学会说"不"，也就是学会表达和贯彻自我的真实主张，有助于我们塑造健全的自我人格。

自嘲：
向别人展示你的善意和豁达

在日常生活中难免会遇到尴尬的场面，如何化解尴尬，这是一个非常值得青少年学习的课题。我们发现那些高情商的人，哪怕在尴尬的场面里都能够应付自如，保持自己的风度。他们能随机应变，巧妙地化解尴尬，不仅让尴尬不复存在，甚至还让场面变得更加和谐热烈。

而情商低的人，遇到尴尬的场面时，置之不理，自身的尊严和形象就会受到损害；反应过激，又会给人斤斤计较的感觉；手足无措、无所适从，就会让人怀疑其能力。可以说，处理尴尬，能体现一个人的情商高低。

自嘲是一种幽默，也是一种智慧。自我调侃和解嘲，既能化解尴尬，又能巧妙地缓解气氛。

有一位著名的诗人被邀请去大学里举办学术讲座。当讲到自己的作品时，诗人准备向大家朗诵一段自己的诗稿。结果他发现刚进教室时，把诗稿随手放在了讲台下的学生的课桌上。

于是诗人走下讲台去拿诗稿。因为教室是阶梯教室，走下讲台需要走几级楼梯。诗人拿到诗稿，正准备返回讲台的时候，一不留神脚下踩空，摔倒在楼梯上。

学生们顿时哄堂大笑。诗人站起身，拍拍身上的灰尘，然后转向学生们，指着台阶说："你们看，上一级台阶多不容易！生活是这样，作诗亦是如此。"

这一番充满哲理的话，顿时赢得了满堂的喝彩和掌声。

诗人笑了笑，接着说道："一次失败不要紧，再努力，最终就能站到台上！"说着，他装作很用力的样子一步一级阶梯地走回了讲台上。

人无完人，总是有不完美的地方。勇敢承认自己的不完美不是一件容易的事，被人指出缺点也能坦然接受，更是一件困难的事情。自嘲并不是自我贬低，而是对自我的不足有足够的认识并能接受，这是智慧。

自嘲并不是让你拿自己开低级的玩笑，也不是无聊耍赖，而是在清醒认识到自己的缺点、不足后，仍然自信地面对自己的大智慧。

在我们处在失误或者尴尬的境地时，有人立刻想到的就是遮掩，有人则是努力为自己争辩。而这样做非但不能化解尴尬的处境，反而会使处境更尴尬。但是自嘲是一剂心理平衡剂，能化自卑为自信，找回心理平衡。

越是自卑的人越是不敢自嘲，因为他太看重别人对自己的印象，也太在意自己的形象，因此更加不愿意接受不完美的自己。对别人的只言片语，他都会草木皆兵，整天疑神疑鬼地认为别人在偷偷嘲笑他。这样的人怎么敢对自己的短处和尴尬的境地开玩笑呢？

而那些生性豁达的人，也就是我们平时常说的"开得起"玩笑的人，能以积极的态度面对一切，因此也更容易获得别人的喜爱。

自嘲并不是示弱，相反，它是一种宽容、豁达的表现，只有那些自信和有勇气的人才能得心应手地运用好自嘲。

有一位英国的将军，年纪轻轻就开始脱发，年纪大了以后头发都掉光了。在一次盛大的晚会上，一位年轻的军官在给他斟酒时不小心把酒洒到了他的头上。大家看到后面面相觑。这位将军平时雷厉风行，总是打胜仗。虽然大家在背后都喊他"秃头将军"，但是还没人在他的头上做文章。

年轻的军官很害怕，不知道该怎么办才好，拿着手巾，很想帮将军擦干净头上的酒，但是那样就会让人在将军的头上看得更久。

在他不知所措时，将军却哈哈大笑起来，从年轻的军官手里接过手巾，然后边擦头边说："老弟，你以为用这种方法治疗秃顶就有效果吗？"

大家听了这话以后顿时笑了起来，尴尬的局面也一下变得欢快起来。

将军的自嘲成功化解了尴尬，又展示了自己的胸襟，更维护了自己的尊严，是真正高情商的行为。

罗曼·罗兰（Rcmain Rolland）在《米开朗基罗》（Michelangelo）中说过："世上只有一种真正的英雄主义，那就是认清生活的真相后依然热爱生活。"所以敢于自嘲的人，往往是自信的。

自嘲是建立在自信的基础之上的，不自信的人不可能坦然自嘲。懂得高明自嘲的人也都是生活中的智者，抱着积极的生活态度，自嘲让生活充满情趣。

英国的一位作家，身材壮硕，是一个大胖子。因为太胖，他行动不方便，但是他对此很坦然。有一次朋友们聚在一起说到了身材，这位作家笑着说："我是一个比诸位男士都要亲切三倍的人。"

大家听了他的话，眼睛都瞪得大大的。作家环视了一圈，接着说："每当我在公共汽车上让位的时候，足以让三位女士坐下。"

大家明白过来后都对他的幽默称赞不已。

我们有时候会遭到心怀不轨的人的嘲讽，面对别人的嘲笑，自嘲就成为一件火力十足的秘密武器，是比还击更高明的自我保护。

美国首任总统林肯（Abraham Lincoln）的相貌总是被人拿来诟病，因为他相貌普通，甚至可以说有些丑。但是面对不怀好意者的攻击，林肯非常聪明地选择了自嘲解决问题，也是给了对方有力的反击。

有一次林肯刚刚结束一场演讲，突然有个参议员站了起来。他声色俱厉地攻击着林肯，说林肯是两面三刀的"两面派"。

林肯却泰然自若地用目光扫了一下会场，说："请各位帮我评评理。如果我还有另一副面孔的话，还会把这样难看的一副面孔带到会场里来吗?"

会场里立即发出了赞许的笑声和掌声。面对别人突如其来地指责，林肯没有无动于衷地"任打任骂"，也没有暴跳如雷。他巧妙地利用对自己的相貌以自嘲，把"两面派"的概念偷偷换成"两张脸孔"，这样既回应了对方的质疑，也幽默地化解了尴尬。这种自嘲是比针锋相对的争辩更高明的自我保护方式。

所有人都喜欢和幽默的人在一起，因为懂得幽默的人，自知又知人，往往是容易令人接近的。青少年要善于学习用幽默的方式向别人展示豁达和善意，那样不仅你能更轻松地和周围的人相处，别人也会喜欢和你交往。

认错道歉：
不是说句"对不起"而已

从懂事时起，老师和父母都教导我们，要勇于承认自己的错误。当发现教导我们的人自己都不能"有错就认、知错能改"时，我们就更难做不怕认错的人了。

2000年7月，美国加利福尼亚州议会通过一个法案，这个法案容许造成事故的责任人通过慰问伤者、向对方表示歉意从而获得减刑。

那么为什么美国会通过这样一个法案呢？原来每逢事故发生，都会涉及伤亡和经济损失。肇事者觉得如果向对方表示歉意，那么很可能在法庭上被认为承认了控罪，因此他们往往不愿意道歉，受害者却因为没有及时得到道歉而感到愤怒不平，双方的冲突也就越来越激烈。

其实在日常生活里也是这样，当一个人做了错事，即使事情完全和法律诉讼无关，大多数人也不愿意道歉。比如父母不管怎样误会了孩子，哪怕他们明知道自己错了，也不会向孩子说对不起；我们也能听到很多妻子抱怨先生从来不道歉，老师抱怨学生不跟人说"对不起"。

为什么人们这么排斥道歉？心理学家泰勒·冲本（Taylor Chong Ben）认为："从某种程度来讲，道歉是把力量交给了接受道歉的一方。比如，向妻子道歉等于承认我的错误，但道歉也让她有权选择是通过原谅来减轻我的耻辱感还是心怀怨念继而加重我的羞耻感。研究发现，在拒绝道歉之后，人们的力量感和控制感会在短时间内上升。"

道歉会让人产生一种自己无力的错觉。但是不管我们的意愿如何强烈，不管怎样努力，我们都不得不承认，在漫长的人生路上，我们在不断犯错。

一般而言，我们害怕受到排斥，害怕把那种"处置权"交给对方。有些人不愿意道歉是因为他们自己认识不到错误，或者

情商：一本给孩子的人生格局书

感到无动于衷。他们会觉得："反正已经做了错事，道歉也没用了。""反正话都说出去了，也也听到了，心里肯定对我有怨气了，我道歉还有什么用呢？"'如果我道歉的话，会不会让我赔偿啊？""反正我不认错，道了歉，我的脸还往哪里放？"

斯坦福大学研究者卡萝尔·德韦克（Carol Deweck）和卡林娜·舒曼（Karina Schumann）的一项研究发现：人们在相信有能力改变自己的行为时，更可能为自己的错误承担责任。也就是说，如果大家都明显看出你做了错事，拒不道歉实际上会暴露你的性格弱点，而不是优点。

一个人承认错误，不仅释放了内心的不安，而且会给别人一个良好的印象。道歉是人类社会的行为，是社交礼仪，也是为人处世的艺术。道歉一般是表达做错事后的愧疚，有时也用来请求别人的原谅。是的，向别人承认自己犯的错并道歉，是一件非常困难的事，但是你一定可以做到的。

在漫长的人生里，我们难免会被伤害，也难免会犯各种各样的错，有些错无伤大雅，而有些错就会伤害到别人的利益或感情，因此我们要学习如何道歉。

德国政治家施罗德（Gerhard Fritz Kurt Schroder）曾说过："真诚的道歉不但不会失去朋友，反而会赢得更多的朋友。"

当华盛顿（George Washington）还是上校的时候，有一年他率领军队驻守在亚历山大旦亚。在弗吉尼亚议会议员选举的时候，一位叫威廉·佩斯（William Pace）的人仿佛故意跟华盛顿作对一样，对华盛顿支持的候选人都投了反对票。

不仅如此，两人在选举的问题上发生了激烈冲突。华盛顿说了一些冒犯佩斯的话，佩斯则一拳打在了华盛顿的脸上。华盛顿的部下马上过来，场面非常紧张，而华盛顿阻止了部下，让他们返回营地。

第二天，佩斯收到了华盛顿的卫兵带来的一封信，信里华盛顿约他到一家酒店去见面。佩斯带着决斗的心情到了这家小酒店。但是让他感到惊讶的是，迎接他的不是华盛顿的手枪，而是斟满酒的酒杯。

华盛顿对他说："佩斯先生，犯错是人之常情，改正错误是件光荣的事情。我相信昨天我做了错事，你打了我一拳应该也得到了一些满足。如果你认为事情可以就此解决的话，那么让我们干了这杯酒，交个朋友吧！"

佩斯没想到华盛顿会这么痛快地向自己道歉，也感受到了他的胸襟和勇气。从此以后成为华盛顿坚定的拥护者。

你不要觉得跟别人说"对不起"是件没有面子的事情，实际上觉得没有面子的只是你自己，别人也许并不会那样觉得。

道歉并不是说一句"对不起"那样简单。心不在焉的"对不起"非但不能化解矛盾，反而会激化误会。只有诚挚的道歉才能弥补错误，修复破裂的关系，还可以促进彼此的沟通，使双方的感情更进一步。

道歉的时候我们要看着对方的眼睛，认真地说"对不起"。向人道歉最重要的是诚恳，如果没有承担错误的诚意，你的歉意是无法被对方感知的。大多数人爱面子，很多时候心里明明知道自己有错，也很想道歉，但是道歉的话就是说不出口，好像主动说"对不起"的那个人就一定会没面子。

金无足赤，人无完人，只要是人都会有犯错的时候，尤其是青少年。我们也许会不小心说错话、做错事，不小心得罪别人，让人际关系紧张，和朋友间的感情闹得不愉快。

这时候，只有真诚的道歉可以弥补。认错的一方并不可耻，因为我们有勇气面对自己的错误，敢于承担错误。所以，道歉不仅可以弥补错误，还能看出一个人的品格。

一旦你做错了，就不要给自己的错误找理由。错了就是错了，无论是无心之失还是有意为之。只要是犯了错，又想挽回局面，你就要真诚地道歉。有的人道歉，看上去是在说对不起，可是左一句"因为"，右一句"因为"，不断强调造成错误的各种因素，说来说去好像都是别人的问题。这种道歉就不是道歉，而是在为自己的错误找借口。这样的道歉注定无法得到别人的谅解。

　　其实，当意识到自己的错误，并且免不了被责备的时候，你不如先行认错，毕竟谴责自己会比被谴责好受一些。而当对方看到你能认识到错误，为了显示他们的豁达，他们多数会选择主动原谅你，也就不会再责备你一遍了。

　　青少年要清楚，道歉就是道歉，是针对犯的错误、针对错误导致的后果，认真、诚恳、不虚为地道歉，不责怪他人，也不试图减少指责。

　　如果确实有其他客观原因，你可以在道歉后加以分析解释，而不是拿这些原因做借口。肯定会有特殊情况，但是你只是为你的错误道歉，其他的因素都要被排除出去。这样的道歉才能真正达到消除误会、增进关系的效果。

　　道歉虽然不需要打草稿，但也有一些必须包含的因素。首先要表达你的错误，表明你愿意承担全部责任。当为伤害了别人而道歉时，你要让对方感受到，虽然已经造成了情感或经济上的损失，但是你很珍惜这份友谊，并且已经有了计划，以后会避免失误重演。

　　其次，道歉要及时。我们会发现，很多歉意越拖越说不出口。道歉一定要及时，因为我们道歉是要鼓足勇气的，这种勇气会随着时间的推移而渐渐消散，而对方的怒意会随着时间的推移而慢慢增加。

　　所以，一旦我们意识到自己犯错了，就要立刻道歉。如果当时没有意识到错误，在发现错误后我们也要立刻道歉。越早道歉，越能展现诚意。如果当时没有道歉的机会，在以后我们也要及时寻找时机表达自己的歉意。

闻一多先生曾经和鲁迅先生有意见分歧，后来当他意识到自己的错误时，鲁迅先生已经去世了。在鲁迅先生的悼念大会上，闻一多先生当众表示了自己的歉意。

"反对鲁迅先生的还有一种自命清高的人，就像我自己这样的一批人。"然后他转过身去，对着鲁迅先生的遗像，深深地鞠了一躬，"现在我向鲁迅忏悔。鲁迅对，我们错了。当鲁迅受苦受难时，我们都在享福。如果当时我们都有鲁迅那样的硬骨头精神，哪怕只有一点，中国也不会像现在这样了。"闻一多先生的勇敢和坦诚，也赢得了热烈的掌声。

很多人的道歉往往就是"对不起啊，我错了"，却常常忽略行动和语言一样重要。很多时候我们的错误如果给对方带来了经济或物质上的损失，嘴上的道歉往往就显得草率。大家更在乎的是一个人道歉的诚意，而不是言辞。言语道歉很重要，但是也要在自己的能力范围内尽量完成善后工作，弥补对方的损失。

每个人都想为自己的错误辩解，但是只有真诚地承认自己的错误的人，才会得到别人的谅解，并且给别人留下良好的印象。

第五章

一场自控力的竞争

——能控制住自己，就能控制住别人

如何面对看似人生最艰难的阻碍，决定了我们会成为什么样的人。一个人如果无法控制自己，就如同闭着眼睛走钢索，终将坠入万丈深渊。

他曾经是个王者：
自控力的成王败寇

    拿破仑·希尔（Napoleon Hill）是全世界最早的现代成功学大师和最著名的励志书籍作家之一。他的作品曾经影响过千百万的读者以及伍德罗·威尔逊（Thomas Woodrow Wilson）和富兰克林·罗斯福（Franklin Delano Roosevelt）——美国两任总统。

    1883年，拿破仑·希尔出生在美国的一个贫穷家庭。他一边在一家杂志社上班赚钱，一边上大学。在二十多岁的一天，他采访了著名的钢铁大王安德鲁·卡内基（Andrew Carnegie）。采访结束时，安德鲁说起他的一个梦想：他希望能够访问并研究当代美国商业、金融、工业与政治界的精英和著名的成功人士，总结他们的成功经验，并从中发掘成功的规律，给后人和其他人以精神上的指导。但是这项工作太宏大，安德鲁对此力不从心。

    安德鲁问拿破仑·希尔："你愿不愿意接受这个任务？这会耗尽你一生的精力，而我不会资助你一分钱，但是我会帮你介绍关系。"

    拿破仑·希尔马上意识到这是一项非常具有挑战性的工作：如

果同意接受这项工作，等于要白干很多年，但是如果不同意，就会失去与成功人士对话的机会。他很快给了答复："我愿意！"

安德鲁觉得有点儿不可思议："你真的愿意吗？"

"愿意！"拿破仑·希尔的回答无比坚定。

安德鲁露出了满意的笑容，抬手露出了手腕上的表："如果你考虑的时间超过60秒，你将会失去这次机会。我已经考察了近200个年轻人，但是没有一个人能像你一样在半分钟内就果断地给出答案。恭喜你，你得到了这份工作。"

此后，拿破仑·希尔采访了五百多位成功人士，包括发明家爱迪生、电话专利获得者贝尔（Alexander Graham Bell）、汽车大王亨利·福特（Henry Ford）、威尔逊（Thomas Woodrow Wilson）总统、罗斯福总统等世界殿堂级人物。

拿破仑·希尔在研究和思考他们的成功经验的基础上，凭着个人的毅力和思索，摸索到了成功人士的成功规律和成功法则。他的努力最终使他成为世界上最著名的励志导师。

拿破仑·希尔说："自制是一种最艰难的美德，有自制力才能抓住成功的机会。成功的最大敌人是自己，缺乏对自己的情绪的控制，会把许多稍纵即逝的机会浪费掉。如愤怒时不能遏制怒火，使周围的合作者望而却步；消沉时，放纵自己的萎靡。"

试想一下，如果当初拿破仑·希尔在听到安德鲁不付报酬的工作提议后，觉得自己受到了侮辱，继而暴跳如雷，或者他一气之下拂袖而去，又或者回到家里感伤为什么人家要让他做一份没有报酬的工作，是因为自己没有价值吗？那么拿破仑·希尔将会失去这个千载难逢的机会，世界上就会多一个平庸的小记者，少一个顶级的成功学大师。

也是因为他控制了情绪，使头脑能够快速分析对方的提议带来的利弊，然后立刻做出正确的决定。这个决定，当初看起来或许并不起眼，却是拿破仑·希尔一生中最重要的转折点。

也就是通过这次机会，他接触到了无数的精英和成功人士，在探索分析他们成功人生的过程中，也给了自己学习的机会，使自己靠近那些成功的人，最终成为一个成功的人。

在20世纪60年代早期的美国，有一位才华横溢的大学校长，参加竞选州议员。开始大家都很喜欢他，认为他博学多才、资历深厚，是州议员的不二人选。

如同马克·吐温所著的《竞选州长》（*Running for Governor*）一样，他的政敌将他良好的名声视为阻碍他们走向成功的障碍，于是对他进行各种各样的诬蔑：小道消息称，三四年前，在一次教育大会期间，这位校长和一位年轻的女教师有不正当的关系。

校长是一位作风正派、性格耿直的人，对这样的诬蔑感到非常震怒，于是竭尽全力为自己辩解。几乎在每一次的集会中，他都忍不住胸中的怒火，花很长时间为自己辩护，极力想澄清事实，证明自己的清白。

其实，那时候的资讯并不像现在这样发达，很多选民根本不知道这个谣言，但是这位校长一而再再而三地在集会上怒斥对手，人们反而对这件事越来越感兴趣了。

渐渐地，这件事越描越黑。民众反而认为这是他心虚的表现，于是反问他："清者自清。如果你真的是无辜的，为什么要百般狡辩？"

校长因为得不到民众的理解，支持率越来越低，他的情绪也越来越糟糕。

他开始不遗余力地为自己洗刷清白，完全失去了章法和阵脚。面对政敌的挑衅，除了气急败坏、声嘶力竭地谴责，他完全没有其他的办法。

然而，人们越发相信谣言的真实性，甚至他的妻子也开始动摇了，两人的关系变得很脆弱。最后，校长不仅在竞选中失败了，他的妻子也向他提出了离婚。

我们在学习、工作、生活里，每天都会遇到各种各样的事情，每一件事情都会对我们的情绪产生影响。而情绪又会影响我们的思维，使我们无法正常决断。人在情绪激烈的时候——无论是特别高兴还是特别生气、消沉、抑郁、伤心，强烈的情绪都会影响我们那一刻的判断。因此，学会管理情绪，把情绪控制在手里就显得尤其重要。

我们来看一下高情商的人是如何应对这种局面的。

1980年的美国大选，里根（Ronald Wilson Reagan）作为竞选人之一参加了一次关键的电视辩论。我们知道西方"自由竞选"的背后都是金钱在操纵，抹黑、诬蔑对手是惯用的伎俩。里根的竞选对手卡特在电视辩论中针对里根的生活作风问题纠缠不清。他对里根发起了蓄意攻击，说里根在做演员的时候生活作风极其不检

点，这样的人不配做美国的总统。

而里根听了这话以后并没有勃然大怒，而是微微一笑，调侃地回应道："你又来这一套了。"

观众们听后都哈哈大笑，因为大家都知道在竞选期间，各种桃色新闻满天飞，真假难辨。里根的泰然自若让观众一下就站到了他这边，把卡特推到了尴尬的境地。

里根对情绪的掌控让他赢得了民众的信赖和支持，也让他赢得了竞选，如愿当选总统。

青少年要懂得，在学校、社会里，想要更好地融入其中，取得成就，除了努力学习文化知识外，必须控制好情绪，理智而客观地处理问题。

能否控制好情绪，是情商高低的一个重要检测标志。如果一个人能处变不惊、遇到事情不轻易动怒，则是表现高情商的机会。

良好的情绪自制力是人们工作生活里不可缺少的能力，青少年在小时候就要刻意培养这种能力。当想把一件事做好的时候，我们绝对不能让情绪失控。

有的青少年在做父母或者老师给予的任务时心存怨气，比如：为什么这件事情让我做，不让妹妹去做？为什么老师推荐她去参加比赛不推荐我？为什么老师给我的任务又脏又累，却不让别人做……当我们带着情绪去做事时，本来很简单的事情也会做错。

如果我们无法控制情绪，就容易被情绪左右，而做出错误的决定和行为。当情绪都被我们牢牢控制住时，我们的心绪就会很宁静，头脑就会清醒。那样无论面对的是谁、是怎样的问题，我们都不会手忙脚乱不知所措。

如同一句谚语所说："弱者让思绪控制行为，强者让行为控制思绪。"青少年要做生活中的强者，就要控制好情绪。

愤怒是怎样来的，
又是怎样走的

　　头天晚上你再三嘱咐妈妈，早上一定要把你叫醒，因为第二天要期中考试。你怕睡过头，特意定了闹钟。

　　早晨闹钟响了，你迷迷糊糊中把闹钟给关掉了，接着睡。直到被人摇醒，你抬头一看，已经七点多了，马上就要迟到了！

　　你质问妈妈："怎么不早点儿叫我起床？"

　　妈妈一脸无辜："我叫了你两次，你的闹钟也响了一次。我听到你关掉了闹钟，以为你已经起床了，谁知道你又睡过去了。"

　　你没空跟妈妈理论，匆匆忙忙地刷牙洗脸，结果发现头发像鸡窝一样竖着。你使劲梳了几下头，仍然有那么一撮头发倔强地竖着。时间一分一秒地流逝，你心中开始有了无名的怒火。

　　你用水打湿了头发，没用！喷了一头的发胶，开始那撮头发下去了，谁知道你刚转身，眼角余光从镜子里发现它又翘起来了！

　　妈妈却在这时候发话："不是要迟到了吗？还有空臭美？！"

　　这根本不是在臭美好不好！可是你真的没时间为自己辩解了。

算了，难看就难看吧。你抓起书包饭也没吃就往外冲，来到公交车站，刚好有一辆公交车停下。你排着队，结果不知道从哪里突然冲出来一堆人，也不排队直接往车上挤。就这样你错过了一班车，又浪费了10分钟。

你胸中充满了愤怒，简直要抓狂了，好不容易到了学校，已经迟到了，理所当然地又被老师教训了一顿。

老师教训完了，又发现你满头的发胶，语重心长地告诫你："学生要把心思放在学习上，不要整天就知道关注自己的外形，有这样吊儿郎当的学习态度，将来还想考上大学吗？"

你听完训话，满怀怒火可是无处发泄，只能忍着情绪回到座位上，打开试卷开始做题，可是怎么都做不下去……

我们经常会生气，对别人生气、对自己生气、对周遭生气。究竟为什么生气，其实自己有时候也说不出个所以然来。

愤怒是一种心理现象，也是一种很普遍的情绪，每个人几乎每天都会和它相遇。愤怒是我们真实生活中的一部分，也是整体情绪的一个重要组成部分，影响着每一个人，只是程度不同而已。

当愤怒来临时往往有两个句度的发展，一种是发展为争吵、攻击、谩骂、指责、关系破裂，它的极端现象会发展为暴力、斗殴、凶杀等。

另一种发展则是试图以自我损害引发对方的内疚，或者引起别人的帮助，比如抱怨、自我伤害，极端的现象则演变成自杀。

亚里士多德说："任何人都会愤怒，这很简单，但要在恰当的时间，找到合适的对象，以正确的方式，理由充分、进退有度地发泄愤怒却并不容易。"

在负面情绪里，愤怒是不太容易摆脱的，因为它有时候并不能单纯地以"好"或者"坏"划分。它是一种很有诱惑性的情绪，因为有时候你的愤怒可以让你得到一些"甜头"。

比如小孩子想要一个东西时，父母没有满足他，他就以愤怒表达自己的不满。有时候父母嫌烦，为了息事宁人，只好满足孩子的愿望。这种"甜头"一旦被孩子尝过后，他在潜意识里就不会认为愤怒是错误的，因此会越来越失控。一旦遇到事情习惯性地用愤怒解决，而完全摒弃了理智地思考，不仅会让自己的人际关系越来越差，也会让自己的情商越来越低。

怒气是一种能量，需要我们加以控制。如果不去控制怒气，它将会产生难以估计的破坏力；如果我们合理运用怒气，它甚至能给我带来一些益处。

那么是不是说当我们感到愤怒的时候就要一味地压抑它？其实并不是这样的。

现代心理学发现，抑制愤怒并不是处理愤怒的最佳方式，因为抑制愤怒会妨碍解决问题。愤怒的情绪来临时，一味地将其憋在肚子里是毫无用处的，我们对待愤怒要有科学的态度：愤怒是不可强行避免的。

当我们的尊严、身体受到了轻视和践踏的时候，我们会愤怒；当我们的价值观、意识形态不断被冒犯的时候，我们会愤怒；当我们急切的需求被对方拒绝的时候，我们会愤怒；当我们看到弱者被欺凌的时候，我们会愤怒；当我们被不断要求做自己不想做的事情的时候，我们会愤怒。

为什么我们不能放任怒气？中医里有"怒伤肝、喜伤心、忧伤肺、思伤脾、恐伤肾"的说法。现代医学发现，人在发怒的时候会引起一系列生理变化，心跳加速、呼吸急促、胆汁增多，有的人甚至会全身发抖、"怒发冲冠"、目眦欲裂。

可见放任愤怒情绪存在是不利于身体健康的。

既然怒气不能压抑，我们又如何去控制自己不被愤怒所左右呢？心理学家提供了以下几种方法。

第一种方法：消极躲避法。

我们难免会遇到气不过又无能为力的事情，这时候不如先从愤怒的环境里走出来，然后再想解决的办法，停下正在做的事情，不去想那些烦心的事情。

当感觉到自己愤怒的情绪要爆发的时候，我们应赶快抽出时间冷静下来。其实我们都知道，我们根本不需要立刻对某件事情做出反应，可以在心里数10个数，冷静10秒钟，给自己一个缓冲时间。

其实很多怒气在最初的10秒里是非常具有破坏力的，一旦冷静10秒钟，你会发现很多怒气会逐渐自动消失。如果在家里遇到让你生气的事情，你不如找个房间让自己冷静一下；如果事情是发生在学校里，那么可以找个无人的角落待一会儿，比如卫生间。

我们要接受自己生气这件事情，也要给自己留出时间、空间去消化愤怒的情绪。

第二种方法：倾诉排解法。

很多时候我们越憋越气，是因为火气无处释放。当我们觉得气出"内伤"时，不妨先做几个深呼吸。生气的时候我们都会感到心跳加速，这时候努力深呼吸，让心跳慢慢平稳下来，我们会发现怒气也能得到良好地控制。然后再去向家人和朋友诉说，也许等你说完后怒气就消失了。

第三种方法：引导法。

把愤怒的情绪转移到工作和学习中，是有奇效的。

怒气可以用主动意识控制，平时要增加自己的道德修养，多多进行意志修炼，增加自己的包容度。

但凡情商高的人，都能控制好情绪，不会让情绪失控。一旦他们觉察到情绪的波动，能立刻提醒自己，将情绪控制在合理范围内。

愤怒的时候，我们往往将所有的注意力集中在负面的事情上，反复咀嚼，越来越难以自拔。

一个哲学家在一张白纸上滴了几滴墨水，然后他拿着纸给学生们传阅。

他问："你们看到了什么？"

学生们的回答一致得惊人，大家看到的都是墨点。

哲学家笑了笑，指着墨点说："这些墨点，不过只有黄豆大小，而这张白纸那么大，为什么你们的眼里只看得到墨点而看不到白纸呢？"

令我们生气的那些事情，就是白纸上的墨点。如果你的眼睛里只看到墨点，你就会越来越沉浸其中，无法看到墨点外大片大片的白纸。

比如我们通常会记得这一周被老师责骂的那一天，而忘记剩下六天美好而平静的日子。容易动怒的人就是如此，很容易留心那些被损坏和不完美的地方，而忽略生活里的美好事物。

很多人觉得：我也不想生气啊，可是遇到让人生气的事情真是忍不住会发怒。

我们能不能控制愤怒，在于我们的选择。如果不是有意识地学习、提升情商，那么我们很难控制情绪。愤怒不单单是我们面对痛苦、压力、挫败时的反应，还是由我们的信念产生的。

当遇到会诱发愤怒情绪的事情之时，我们快速调动意识，就有可能控制住愤怒。

压抑怒气不会真的令怒气消失，而是让怒气转而攻击身体内的器官，变成心病，久而久之，就会积累成怨恨。

正确处理怒气的方式是积极面对和引导令其发泄出去。

不要否认自己在生气，问问自己，是什么让自己生气？发怒能不能解决问题？

青少年血气方刚，一旦控制不好怒气就会发生严重的后果，

普遍的现象就是怒气转变成暴力。青少年要懂得，愤怒是人类的天性，而攻击、暴力只是发泄愤怒的方式之一，也是最糟糕的方式。除此之外，愤怒还可以采取其他非攻击性的方式发泄。

积极表达愤怒有三大原则：不能伤害别人、不能伤害自己、不能毁坏财物。

青少年还可以练习积极的自我对话。

很多事情看上去是不好的，但是经过人的有意转换就能变成积极的东西。我们对待愤怒这件事也可以进行这样的"认识重构"，也就是将一件事情的看法从消极面转变为积极面。这样可以用健康的方式应对愤怒的情绪，尤其是在情绪稍微平静下来之后，但感情上还是无法走出消极的氛围，想要真正解脱，我们就必须利用积极的自我对话来解决问题。

这一天考试卷发下来了，同桌看到你的成绩就嘲笑道："这么简单都错了，真是够蠢的！"

谁听了这种话都会生气，有的人会暴跳如雷，和同桌对骂；有的人会将怒火变成阴暗的怨恨。但这些都不是高情商的做法，正确的做法是引导愤怒成为行为的助力。

纽约股业银行的总经理弗雷（Frey）一直想在长岛上建立一家昆士郡银行。他本来以为计划会进行得很不错，但是有一回他和一家大银行的经理见面，对方却很轻蔑地说："也许你能办起一家银行，前提是你必须活得够久。"

弗雷回忆这件事情的时候说："这句话把我气得要死！如果你活得够久，意思似乎是我呆坐着等着事业从天而降似的。这种讥笑，让你听了之后必须奋起。我那时候决定要打倒他。最后，我真的办到了。过了四年，我的银行存款，是他的两倍多！"

愤怒是一种情绪的表达，但是当我们掌握其他表达情绪的能力之后，就不会再莽撞地选择愤怒这种方式。控制好怒气，理智而清醒地表达自己的不满，将会比单纯发怒更有效力，也更有力量。

朝三暮四：
拥有的同时，也会开始失去

我们大概都有过这样的经万：看完一本励志书后，被书中人物的坚强、自强不息所感染，然言也发誓要和他一样，不仅发誓，还恨不得找个见证人。

结果呢，坚持了几天又被打回原形，久而久之，某一天你会突然发现，原来身边和你水平差不多的人，已经远远地将你抛在了身后。而你，依然是"常立志的人"。

马云说过："今天很残酷，明天更残酷，后天很美好，但是绝大多数人死在明天晚上，看不到后天的太阳！"

一个人的精力和时间是有限的，如果在这有限的条件下还想做无限的事情是不现实的。很多人这也想做、那也想做，到最后仍是一事无成，就是因为他们没有选定目标。时间如梭，不为任何人停留，我们小时候以为有用不完的时间，等到长大后才发现，人生中能用来学习文化知识最好的那几年真是转瞬即逝。

专注地做一件事情，远远比你一会儿做这个、一会儿做那个的

141

成就高。

有的青少年对很多事情感兴趣，可是每次动手去做的时候很难坚持，常常是事情才做了一半又跑去做别的事情。

心理学家研究发现，总是半途而废、朝三暮四的人，意志力和独立性都远远比不上做事有始有终的人。因为没有一件事情是完美的，那些半途而废的人在潜意识里对完成一件事情有惧怕心理：他们以往的经验都是失败的，所以有一种自卑心理。有时候为了掩饰这种自卑心理，他们就会摆出一种满不在乎的态度。

朝三暮四的根源是对自己没有自信心，惧怕失败，所以有的人才会在事情还没有结果前就"临阵脱逃"去做别的事情。

苏格兰哲学家托马斯·卡莱尔（Thomas Carlyle）说过："最弱的人，集中精力于单一目标，也能有所成就。反之，最强的人，分心于太多事务，可能一事无成。"

果农们在种植果树的时候都要对其疏花、疏果。果树是多年生、多次结果的作物，需要长年培育，才能有结果的可能。当果树开始结果的时候，果农们不仅要施肥让果树长盛不衰，还要对花和果进行筛选。

没有经验的人看到果树好不容易开花了，一朵都舍不得去掉。因为他们觉得每一朵花都是一颗果实。等到花儿变成了果，他们就更舍不得去掉一个果实，因为他们期盼着丰收。而实际情况是满树的花不一定都能变成果实，而满树的果实，注定都长不大，结不出丰硕的果子。

原来花朵和果实在生长发育中会消耗掉极多的养分，这就加重了果实之间的营养争夺。如果不去掉多余的花朵和果实，那么营养就会跟不上。树干无法供养满树的花果，最终会导致每个果子都长不大。只有去掉多余的花果，才能使营养集中提供给剩下的果子，减少营养消耗，最终使这些果实长得丰满而硕大。

青少年也是一样，如果不集中精力去做一件事情，而是把精力分散到各个地方，那么每一件事情都无法得到专注对待，最终会导致所有的事情都半途而废，没有一件是成功的。

曾国藩在给弟弟的家书里曾写道："凡人为一事，以专而精，以纷而散。荀子称耳不两听而聪，目不两视而明，庄子称用志不纷，乃凝于神，皆至言也。"

他告诫弟弟，想要做成一件事情，就必须专心致志、心无旁骛。如果用心不专，则会一事无成。像荀子说过的耳朵不同时听两件事情就是聪，眼睛不同时看两个地方就是明。庄子也说，集中心志不散漫，就能凝结成智慧。只有先"专"，然后在"专"的基础上扩大知识面，开阔视野，才能最终获得成功。

曾国藩认为，在治学方面，读书就像掘井，掘数十井而不及泉，不如掘一井而见泉。人的精力有限，无法在每个领域都有所成就。那些想要样样精通的人往往是样样稀松，还不如集中精力专注地去深入研究某一领域。

世人都赞扬曾国藩学识渊博，但是他自己认为他精通的古籍也不过"四书五经"和《史记》《汉书》等十余种。曾国藩告诉人们，什么才叫真正的博学，那就是专心读书不贪多，做到又精又专；学习的知识如同河流，万壑争流但是必须有主脉，只要把握好了主脉，其他的知识都可以触类旁通。

想要做好一件事，必然要将全部精力和时间投入进去才能有所收获。如果总是东一榔头，西一棒槌，那么什么都学不好，就是在做无用功，白白浪费自己的青春，恐怕穷其一生也很难有所成就。

上天对每个人都是公平的，大家每天都是同样的24个小时，只有有限的精力。当人们把精力分散得太开时，就会变得稀薄，做哪件事情精力都不够。一个人同时考虑的事情太多，也注定每件事情都会有考虑不周的地方。

你会发现自己不停地出错：错过截止日期、学习压力变大、不得不延长工作与学习的时间，你只好牺牲睡觉和运动的时间，停止一切和家人、朋友相处的时光，身体越来越不堪重负，成效却不尽如人意。不满意又会给你带来失望和挫败感，然后导致你意志消沉。所以，集中精力做更少的事情，你才能发挥更大的作用。

哈佛第22任校长洛厄尔（A.L.Lowell）曾说过："清楚自己能够做什么固然重要，但清楚自己不能做什么更为重要。"

我们定下了一个目标之后，就要开始向这个目标努力。如果我们像小猫钓鱼一样，一会儿做这个一会儿做那个，那么当别人收获了大鱼的时候，我们会一条鱼都没有。

用心不专不仅是生活大忌，更是学习大忌。今天你想弹钢琴，过几个月又想学画画，画了几个月又觉得滑冰比较适合自己，结果不仅浪费了父母的金钱和精力，更浪费了自己的青春。

青少年要认清自我，找到自我的长处和潜力，然后专心努力。世界上无数的失败者，不是因为他们没有才干和机会，而是他们不能集中精力、全力以赴地去做最重要的事情。我们要像果农一样，把那些会影响我们的杂事一一剔除，将自己有限的精力投到最重要的目标上，才会收获丰硕的果实。

拖延：
你只是在准备，从未真正开始努力

不到最后，你是不会动手的：垃圾箱一定要满得塞不下了才会去倒；躺在床上，明明醒着就是不想起来，能拖一分钟是一分钟；下个月要考试了，大概临考试前三天才会想起来看书；从放暑假开始，就下定决心先写完暑假作业，再尽情玩耍，结果明天要开学了，作业还剩一大半……

无事不拖的人很少见，而从不拖延的人几乎没有。我们都会有做事拖延的情况，只是程度有轻有重而已。有的人是偶尔才拖延，有的人则是严重的"拖延症患者"——不仅拖延，而且伴有强大的压力和焦虑感。

有一句谚语说："什么时候都能做的事情，往往什么时候都不去做。"

马上要开学了，小亮在拖了一个暑假之后，还有三篇作文没写。他想，这个周末什么都不做，专门用来写作文。

吃完早饭，他坐在书桌前，对着作文本准备写作文。可是抬眼看到了桌子上的电脑，对，上网搜搜吧，看看有什么灵感。只要他找到灵感，作文马上就能写出来了。

于是他打开了电脑，开始搜索。

时间一分一秒地流逝，他一开始在作文网站上看了看，无意中发现了一条自己喜欢的明星的新闻。"啊，居然发生了这么大的事情呢，我还不知道。那我看看明星的新闻再写作文也不迟。"小亮安慰自己。

过了一会儿，朋友打电话来。小亮和朋友天南海北地聊了起来，挂掉电话一看已经中午了，该吃午饭了。

吃完午饭，小亮觉得有点儿困。好像时间还早。"那我先睡一会儿，等我有了精神就写作文。"

小亮"小睡"一觉已经到了下午四点多。邻居来找他打篮球，小亮觉得自己现在头昏昏沉沉的，也写不出作文，不如出去运动一下提提神，反正晚上还可以写。

可是到了晚上忍不住又看了一会儿新出的剧集，他想大不了通宵写呗，反正明天还有时间。

晚上准备动笔的时候，一看已经十一点多了，小亮想，今天太累了，明天再写吧，睡一觉精神就好了。

可以想象，第二天小亮依然在拖：早上睡了懒觉，中午吃多了，下午想出去买书。等到晚上意识到只剩一夜的时间了，小亮才开始着急，于是开始奋笔疾书，三篇作文四个多小时就写完了。

看了看写完的作文，小亮后悔不已，明明很快能做完的事情，为什么非要拖到最后一分钟呢？

如果你振臂一呼，大声问周围："谁有拖延症？"估计有一半的人会响应，并且很有可能对你倾诉："我是没救了，整天拖，什么都拖……""如果我不拖延，今天我早就……"

拖延，看上去不是大问题，似乎只是每个人身上都有的小毛病。这个小毛病似乎总也改不掉，为此心里总是会觉得有些懊恼。每当看到别人取得瞩目的成就时，你都忍不住想，如果当初我也这么做了，那么今天成功的人就是我了。可是实际情况是，你没有动手做，总想着等一下再做吧，然后就是无限的"再等一下"。

拖延和焦虑总是密不可分的，你一边焦虑没做的事情，一边又不想做，总想着能拖一刻是一刻。可你在内心很明白不应该再拖下去了，对拖延会带来的结果是有预见的，所以你看似一时轻松，心底却又充满焦虑。越是焦虑，你越是不想动手。

科技和资讯的发达可以让人们一周7天、每天24小时接受最新的娱乐信息，可是这也意味着我们不管何时何地都会被那些东西吸引，而把本该做的事情放在一边。

我们不妨放眼看看，那些取得重大成就的人，谁不是咬着牙克服无数的苦难努力坚持下去的呢？不费吹灰之力就能成功的事是不存在的，所以你也不要期望自己能轻松成功。在通往成功的路上，能掌控自己的情绪、管理自我行为，有时候比个人能力更重要。

而那些个能力高、情商也高的人，对自己加以限制，使自己的行为高效，并能坚持不懈地执行下去，就都会成为最优秀的人。

成功开始于确立目标，而只有为了目标不断付出努力的人才能真正获得成功。

拖延症并不是什么"世纪绝症"，虽然每个人多多少少会有。拖延是相对的，看看周围的朋友，没有谁会每次都在拖延，也没有谁全天24小时、一周7天高效工作从不拖延的。所以，你也不要害怕，拖延情况不可能百分百被消灭。

美国联合保险公司的创始人莱蒙·史东（Lemon Stone）要求所有员工每天开始工作前，背诵这句话："Do it now!（现在就开始做！）"

我们很多时候会这样，明明知道有好多事情没做，可就是什么都不想做，宁可坐在那里发呆也不想做。这个时候一定要强迫自己：不要想那么多，先做了再说。

当开始着手做一件事情以后，我们会发现这件事情也没有那么难以坚持，甚至会慢慢产生做下去的欲望。其实不是所有的事情都必须找到合理的理由，或者具备足够让你主动完成的动力才能开始动手。如果这是件你应该做的事情，那就先做了再说。

想一想我们为什么会拖延。

拖延的时候，你究竟是在拖什么？很多人拖延是为了逃避，那么你在逃避什么呢？为什么你一定要把事情拖到最后一刻才去做？

试想一下，你喜欢的动画片或者电视剧更新了，你是会拖到几天后再看还是马上就看？有朋友约你打球，你是会拖到明天还是马上就去？这样，我们就会发现，其实那些被拖延的，往往是让我们感到压力大的人或事。

一般来说，拖延的主观因素占了80%，大多数的问题是心理问题。我们的内心不愿意面对压力，缺乏自信，因此迟迟不想动手，或者我们觉得自己做的事情没什么意义。比如妈妈叫你去收拾房间，你下意识会觉得这件事不重要，或者不值得去做，浪费时间又耗费精力，所以拖延一下也无妨。

还有一种是完美主义者，他们不愿意承受不完美的后果，因此常常感到焦虑，总是担心自己做的事情不能完美，所以就将做事的时间一拖再拖。接受自己的优点和缺点，和它们和平相处，这样的心态有助于我们减少由拖延带来的焦虑。

面对拖延，不要害怕。越是愧疚你就越会感到恐惧，拖延症只会更严重。不断给自己施加负面心理暗示，如"再这么拖下去我就完蛋了""再拖我就来不及了""我这辈子都无法摆脱拖延症了"，这样只会让你的心理压力越来越大。

我们都知道心理暗示的力量，你往往会成为你想成为的人。所以当你被笼罩在这种恐惧之中的时候，心态是不会积极的。我们要正视自己，明白选择拖延是因为此刻的我们以为如果拖延一下，心理上的痛苦和要面对的问题是可以回避的。

　　如果你需要在既定的时间内完成某项任务，那么就把自己设置在一个不容易分心的场合，消除那些让你分心的事情。

　　比如如果你管不住自己去玩手机、上网浏览网站，那么在你做事情时不如把手机、电脑放到其他地方。给自己定一个工作时间，在这段时间内，你必须高度集中精力、不胡思乱想，等到事情做完了再放松。

　　有些事情是没有具体的截止日期的，比如我们想读一本书、收拾房间、运动健身等。对这样没有截止日期的事情，我们不妨给自己设定一个截止日期，或者分步的截止日期。

　　当你完成了某个任务的时候，就给自己一些奖励，比如看场电影、打一会儿游戏、吃块巧克力等。当你没有完成任务的时候，就给自己一些惩罚，比如这周不能去同学家玩、不能吃喜欢的零食等。

　　当有一堆事情必须完成的时候，我们不妨先把最难的事情做完，再去做其他容易的事情。告诉自己：直面问题的痛苦，其实是远远小于逃避问题的痛苦的。

　　开始总是困难的，但开始的时候我们的精力又是最旺盛的。在这个时候先做最难、最不喜欢的事情，当克服了最复杂的难题后，我们会感到一身轻松，也会获得更多自信。

　　心态已经有了变化后，你再去做其他事情，就会游刃有余。制订一个计划表，如果一件事情过于复杂，你不妨分成小步骤，按照计划一步一步完成。每次完成一项工作就标注一下，不知不觉中，你就会发现原来自己已经完成了一件大事。这样不仅能让你获得成就感，还能防止你忘记重要的事情。

　　如果你的课余时间有4个小时，把最不喜欢的事情放在头一个小时完成，那么后面的3个小时你都会感到轻松愉悦。而如果你把最困难、最不喜欢的事放在最后做，那么整整4个小时你都在纠结和不安。哪种安排最合适一目了然。

　　心理医生简·博克（Jane Bock）认为，拖延并不是什么恶习，也不涉及人的品行问题，只是由恐惧引起的一种心理综合征，是可以通过训练改善的。

　　所以，现在身患拖延症的你，也不要有过重的心理负担。拖延只是一个需要解决的问题，你只要改善它，它并不能否定你的整个人生的价值。只要稍稍往前迈出改造自我的第一步，你就在人生路上前进了一大步。

不自怨不抱怨：
有些话，真的是多说无益

　　19世纪英国著名的历史学家、政治哲学家托马斯·卡莱尔（Thomas Carlyle）和同时代英国最著名的经济学家约翰·穆勒（John Stuart Mill）曾经是挚友。最初的时候，卡莱尔一直处于贫困的边缘，生活艰难，但是这并没有影响他们的友情。

　　卡莱尔和穆勒经常一起探讨问题、交流想法，是学术上的好朋友。1834年，卡莱尔连续应聘了好几个职位，却都没有成功。于是他和妻子来到了伦敦，准备全身心投入写作中。

　　可是一年多过去了，他没有获得一分钱的稿费。但是他并没有向现实屈服，他有更伟大的梦想，开始着手撰写法国革命史。卡莱尔有预感，这本著作将会给他的人生带来巨大的改变。

　　1835年3月，卡莱尔经历了巨大的痛苦。创作完成了《法国大革命史》（History of the French Revolution）手稿后，像往常一样，他把手稿交给了好朋友穆勒，因为他很需要朋友的建议。他们总是这样，以前穆勒的手稿完成后也会先交给卡莱尔阅读。

穆勒看了卡莱尔的书稿，感叹于这本著作的伟大，于是忍不住把手稿交给了女朋友——当时著名的女权主义者哈迪（Hady），希望她也能看到这一伟大的著作。

哈迪看完了手稿将其放在桌子上忘记收好就出门了。这时候她的女佣正要引火，看到一摞字迹凌乱的纸随意地摆在书桌上，以为是主人不要的废纸，于是就拿起来烧掉了。

穆勒听说后受到了极大的刺激，知道这是好友的心血，不知道该怎么告诉他，但是又不能欺骗朋友。

穆勒魂不守舍地来到卡莱尔家，向他诉说了这件事，卡莱尔顿时感到如坠深渊。写这本历史著作几乎耗尽了他所有的精力，因为极度投入，他的灵感和身体都承受了巨大的痛苦。书稿完成的时候，他甚至有一种马上要崩溃的感觉。可是如今他的心血就这样被付之一炬！这件事简直就是晴天霹雳，让卡莱尔内心遭受了巨大的打击和折磨。

但是受折磨的不仅仅是卡莱尔，穆勒艰难地向朋友说完这件事，整个人也像疯了一样。因为他太懂得这本书对卡莱尔的意义了，这样一本伟大的书稿，就因为自己而瞬间消失了，他怎么能不自责、愧疚？

穆勒呆坐在卡莱尔家，像是已经疯了一样不断喃喃自语。他一直向卡莱尔道歉，手足无措，被内疚和悔恨深深折磨着，一直到深夜都没有恢复正常。

卡莱尔看到穆勒的样子，也于心不忍。虽然他的心就像被凌迟一样，但还是不忍心看到朋友这样痛苦。卡莱尔非但没有责怪穆勒，反而故作坚强地去安慰朋友，劝导穆勒，说这不是他的错。直到穆勒恢复正常，带着自责离开卡莱尔家，卡莱尔才和妻子抱头痛哭。

卡莱尔陷入了巨大的痛苦和焦虑中，这种感觉几乎让他疯狂。

他本来指望靠这本书改变家庭贫困的现状，希望能靠这本书在学术界占有一席之地。他投入了那么多精力，但是突然都没有了！

他没有时间去抱怨别人、抱怨命运，知道不能被困难打败，必须重新写作。可对一个作家来说，重写比创作新书要难得多。那些挑灯夜战的晚上、那些心力交瘁的过程，都要再经历一次，而且是在他清楚体会过其中的痛苦的前提下再经历一次。

"在一生中我从来没有这么忧郁、沮丧……要我完成这么折磨人而又痛苦的任务，这看起来简直就是不可能的。"他在写给朋友的信里这样写道。

如同他曾经说过的那样："长夜未哭过者，不足以语人生。"卡莱尔还是凭借着超人的毅力最终将《法国大革命史》完成了！

1837年，这本书正式出版了。穆勒比谁都希望看到这本书的出版，在为老朋友高兴的同时，提出赔偿卡莱尔200英镑。而卡莱尔只接受了一半。穆勒在他主编的《威斯敏斯特评论》上，专门写文章向民众推荐卡莱尔的新书，给予了卡莱尔极高的评价。

这本书出版后，卡莱尔立即得到了学术界的认可和赞扬，获得了极大的成功。同时他开始接到演讲的邀请，家庭的经济困境也迎刃而解了。卡莱尔也成为维多利亚时代最具影响力的评论家、历史学家之一。

威尔·鲍温（Will Bowen）在《不抱怨的世界》（A Complaint Free World）里写道："我们抱怨，是为了获取同情心和注意力，以及避免做我们不敢做的事情。"

我们都免不了会抱怨：抱怨作业太多、抱怨考试太多、抱怨别人对自己不友好、抱怨爸妈没给我们买最新款的手机、抱怨天气太糟糕、抱怨昨天上体育误扭到了脚、抱怨好朋友在关键时刻没站在自己身旁……

总之，在我们的眼里，世界是不公平的，自己总是最不幸的那一个。于是我们的心理越来越难以平衡，抱怨就越来越多。

其实人生本就不是一帆风顺的，遭受挫折和失败都在所难免。正如南宋词人辛弃疾的词《贺新郎·用前韵再赋》里的一句词："叹人生，不如意事，十常八九。"后人又加了一句："可与语人无二三。"这真是人生无法避免的事情。可人人都有不如意的事，是怨天尤人还是端正态度对待，则是决定一个人成功与否、快乐与否的分水岭。

抱怨就是我们用不满、委屈、消极的言辞表达对周围人或环境的不满。抱怨有用吗？好像一点儿用都没有。抱怨是无法解决任何问题的。

比尔·盖茨说："人生是不公平的，习惯去接受它吧。请记住，永远不要抱怨。"

人为什么会抱怨？因为我们看到了世界不完美的一面，看到了人生的不公平，于是我们灰心失望、自动投降，可是心里还有怨气，因此才会抱怨。但是抱怨是最具有杀伤力的负面思维方式之一。

其实我们在抱怨的时候，就是把全部精力和焦点放在了不如意的事情上。

罗曼·罗兰说："只有把抱怨环境的心情，化为上进的力量，才是成功的保证。"改变你的思维，转移你的目光。当张开嘴想抱怨时，你不妨多想一想，除了让你感到想抱怨的东西，还有哪些事是值得感激、让你感动的。把抱怨的话换成感激的话，你将发现人生会变得更加美好。

诗人马雅·安洁罗（Maya Angelo）说："如果不喜欢一件事情，就改变那件事情；如果无法改变，就改变自己的态度。不要抱怨。"

遇到事情你习惯抱怨，长久下来只会抱怨而不会用积极的心态调整情绪，抱怨就会累积下来，最后甚至会变得抑郁。

想抱怨的时候，我们不妨想一想：自己抱怨的事情，真的那么严重吗？

有的人喜欢抱怨，是因为按照以往的经历，抱怨可以带来甜头。当没考好时，你抱怨老师题出偏了，言下之意是：考不好不是我的原因，是老师的原因。父母也就会原谅你这次不理想的考试成绩。

抱怨其实就是在给自己找借口，有时候这听起来合情合理，其实骗的不是别人，而是自己。因为抱怨，我们就可以从责任里脱身，哪怕想要的东西得不到，都有借口，最后索性连尝试都放弃了。

心理学家罗宾·柯瓦斯基（Robin Kowalski）写道："比方说，人们可能会抱怨自己的身体健康情况，却不是因为真的生病，而是'病人的角色'能让他们获得附带的好处，例如他人的同情，或是可以避开令人反感的事件。"

抱怨会让你远离周围的朋友，常年抱怨会消耗掉周围人的感觉。

当抱怨让我们回避了责任，收获别人的同情和原谅时，周围的人渐渐会对你的抱怨产生免疫力，你的人际关系也将慢慢被摧毁。

青少年要记得，与其抱怨不如沟通，抱怨是一种不良情绪，会瓦解你的人际关系。

如果你对某个人或者某件事有意见，不如当面解决，这才是健康的沟通方式。因为在你向第三方抱怨的时候，其实是把本来双方的问题变成更为复杂的三方甚至多方的问题。这其中不知道增加了多少误会，一个问题没有解决反而增添了更多问题。

还有人将抱怨当成一种显示自己更有能力的途径。比如：一起到餐厅吃饭，有人就会抱怨食物达不到他的标准，另一家的食物更

155

有档次；一起到某地旅游，他会抱怨这里一点儿都不好玩，不如欧洲有人文气息等。

在抱怨的时候，他就是想向周围人显示自己的品位和能力，但是这种抱怨太多，会让人感觉他在吹牛，会觉得这个人不踏实、太轻浮。

试问一个自信又有安全感的人，会到处吹嘘自己的经历和拥有的东西吗？根本不会。因为他们根本不需要通过贬低别人或者吹嘘自己去赢得别人的肯定。他们大多拥有高情商，不需要通过抱怨来取得精神上的慰藉。

如果真的经历了不幸，人难免会抱怨，但抱怨太多，又没有得到疏导，就容易抑郁。我们都知道抑郁对人体的伤害：抑郁会让人情绪低落、思维迟缓。一旦抑郁，人就很难高兴起来，对什么都提不起兴致，严重的情况会导致人记忆力下降，总是记不住东西，浑身犯懒，不想运动。

抑郁和愤怒比起来更不容易被外人发现，也更危险，就像是一个黑色的影子，处处尾随着当事人，甩也甩不掉。

"生活就好比一面镜子，你对它笑，它才会对你笑。"所以当你觉察到自己有抑郁的情绪时，你就要马上警惕，立刻想办法摆脱抑郁情绪。与其花时间抱怨，不如马上动手改变现状，你就会发现人生已经在不知不觉里充满阳光。

我们无法去阻止那些已经发生的事情，能改变的就是它们对我们的影响，接受已经发生的事情，改变我们能改变的一切。

守口入心：
那些不能说的秘密

网络上有一句话说得好："我们用两年学会说话，用一辈子学会闭嘴。"

我们从呱呱落地到学会说话后，努力用语言和人交流，用语言和别人沟通，发表自己的意见和看法。我们以为掌握了全部说话技能，然而真实情况是：学会说话很容易，学会闭嘴却很难。

《鬼谷子·中经》："言多必有数短之处。"乱说话，必然会带来意想不到的恶果。

我们和朋友交往到一定程度的时候，难免会得知一些朋友的隐私。有些时候是朋友主动诉说的，有些时候是我们无意中得知的。不管是通过什么途径得知的，我们都不应该将朋友的隐私当作谈资，随意散播。

隐私代表着一个人不愿意被他人或者一定范围外的人知道的事情。

可实际情况是当你有一个秘密，或者朋友告诉了你一个秘密时，纵使你发誓不会告诉别人，或者让对方发誓不要告诉别人，但到最后好像还是会被人知道。就像一句广告词："我把秘密告诉了她，谁知道一传十、十传百，成了全国人民都知道的秘密。"而我们倾诉时的那句话"千万不要告诉别人啊"基本就成了摆设。

与乔叟（Geoffrey Chaucer）和莎士比亚齐名的英国诗人、思想家约翰·弥尔顿（John Milton）也告诉过朋友一个秘密。然而没过多久，另一位朋友向他问起了这件事情。

弥尔顿听了以后只是笑了笑，朋友问他："这件事情是真的吗？看来就是那位朋友把您的秘密给泄露出去了。您怎么一点儿也不生气呢？"

弥尔顿说："秘密是自己说出去的，既然自己可以和别人诉说，那么说的时候就已经不是什么秘密了。如果要生气，也不是气别人，而是气自己信错了人。"

有些秘密，憋在心里很难受，所以我们会选择向值得信任的朋友倾诉。我们在倾诉的同时得到了朋友的同情和关心，能让友谊更进一步。当别人选择把秘密告诉你的时候，就是给予了你极大的信任，替朋友保守秘密，是朋友之间最基本的原则。你管不住自己的嘴，就注定无法继续得到朋友的信任，为了逞一时的口舌之快，失去的将是一个信任自己的朋友。

而当朋友向你倾诉他的忧愁和秘密时，这表明他对你完全信赖。你要好好珍惜这种信赖。朋友间互相拥有这种小秘密有助于增进彼此的亲密关系，但前提是不能泄露朋友的隐私。

司马光是北宋著名的文学家、史学家，主持编纂了中国历史上第一部编年体通史《资治通鉴》。他去世的时候，"京师人为之罢市往吊，鬻衣以致奠，巷哭以过车者，盖以千万数"。当他的灵柩被送往故乡时，"民哭公甚哀，如哭其私亲。四方来会葬者盖数万人""家家挂象，饭食必祝"。

司马光不光受到人民的拥戴，同样受到同僚的尊重。司马光是一个情商很高的人，待人也很有诚信，很能为朋友保守秘密，所以别人有困难的时候第一时间会想到他。

　　当时有一位大臣叫韩克，与司马光同朝为官，两人又是好友。有一天，韩克发现儿子偷了家里的银子去赌博，他将儿子狠狠揍了一顿，可是没有用，不久后儿子又开始偷钱赌博。

　　韩克觉得非常苦恼，于是来到司马光家里，向老朋友诉苦，并希望司马光能帮他想想办法。

　　司马光听完韩克的倾诉，想了想，教给他一个办法。韩克得到了驭子之方后很高兴，可是在回家的路上心里变得七上八下的：毕竟这是家丑啊，如果被别人知道了，以后他还怎么在官场上混？

　　韩克提心吊胆地过了很久，发现朝中的同僚并没有人对他进行议论或者影射。他这才明白，司马光真是一位能保守秘密的君子，也是绝对值得信赖的朋友。从此后韩克更是坚定地追随在司马光左右。

　　放眼看去，那些高情商的成功者，都是说话有分寸的人，说话的时候落落大方，但是不该说话的时候绝对不会多说一句。

　　口齿伶俐的人很多，但是口若悬河、侃侃而谈却不注意场合和分寸，很容易变成口无遮拦的"大嘴"。这样的人很容易得意忘形，然后就会在无意中说出很多不该说的话。

　　在一次宴会上，台上有位教授正在做酒会演讲。台下有个年轻人在和周围的人聊天。大家都赞叹这位教授的演讲，年轻人立刻开始大谈特谈曾经和这位教授的交往。他说得眉飞色舞，更是向众人说起了教授的秘密，言语里充满了各种不尊重和蔑视。

　　过了一会儿，他身边一位美丽的女士问他："先生，您知道我是谁吗？"

　　年轻人摇了摇头，问："请问女士您贵姓？"

女士回答道："我就是教授的妻子。"

年轻人很窘迫，完全不知道该说什么才好。

在人和人的相处中，一个高情商的人首先不会主动打听别人的隐私，对别人的隐私也要绝对给予尊重。不要认为你们是朋友就应该分享彼此的秘密，这是一个主观行为，而不应该成为是否为朋友的考核标准。如果你总是兴致盎然地打听朋友的隐私，一旦发觉对方有所隐瞒就不高兴，这样会使友谊破裂，朋友间的信任也会荡然无存。

我们不仅要保守朋友的秘密，在说出自己的秘密时最好也衡量衡量。

朋友间是要坦诚相待，但是并不意味着必须拥有彼此所有的秘密。如果朋友有什么不愿意诉说的隐私你就认为对方没有诚意，对朋友不真诚、不讲义气，这种做法是不可取的。

在和朋友交往时，我们也要学会保持自我，不能把自己的秘密和盘托出、彼此不分、亲密无间，将自己的一切都寄托在朋友身上。这并不是友谊，因为世界上没有人能代替你自己。一旦你们的友谊破裂、产生了矛盾，那些被对方知晓的隐私都会变成定时炸弹。

我们保守别人的秘密是对别人负责，保守自己的秘密则是为自己负责。其实每个人都有秘密，保守彼此的秘密，就是给彼此的友谊留下增长空间。一个人只有懂得尊重别人，别人才会尊重你，尤其在对待涉及大家的隐私问题时，在那些敏感、涉及金钱和个人私密的事情上，一定要谨慎。

第六章

不再惧怕挫折

——即便喊着痛，也要伤得起

挫折、不幸、失败，这些看似痛苦的经历，背后都藏着命运的馈赠，只是看你如何做。把今天的挫折，变成明天的转折。

你应该微笑：
小烦恼没什么大不了

　　小时候，我们的快乐很纯粹：得到喜欢的玩具、吃到喜欢吃的东西、和小朋友痛痛快快地玩了一场……

　　而等到越来越大，我们会发现快乐越来越少，很多快乐也不能长久。我们每天要面对无数学业上的问题、家庭的问题、同学和朋友间的问题，好像问题和烦恼总是层出不穷。这大概就是所谓的"成长的烦恼"。

　　幸福不是人生的常态，烦恼好像无所不在。人生当然是无法避免痛苦和心碎的，快乐是无法外求的，它只是一种面对世界的存在方式。如果你学会怀抱喜悦，那么即使有再多烦恼，也不会心硬如铁；就算不断被生活蹂躏，也不会崩溃。这就是情商所赋予我们的抗挫折的能力。

　　奥斯特洛夫斯基（Nikclai Alexeevich Ostrovsky）是苏联著名的作家，家境贫寒。十一岁时便开始做童工，十五岁就上了战场，第二年在战斗中不幸身受重方，二十三岁时双目失明，二十五

163

岁时就瘫痪了。

这样凄惨的人生经历却没能熄灭他的理想。他在病中，靠写作让自己重回战场，创作了《钢铁是怎样炼成的》（How The Steel Was Tempered）这部伟大的小说。他说："人的生命似洪水奔流，不遇上岛屿和暗礁，难以激起美丽的浪花。"

挫折和失意在所难免。如果你总是一帆风顺就会显得平淡无趣，也很难创造出辉煌的成就。对青少年来说，挫折和烦恼不可怕，可怕的是没有好心态。而情商会赋予我们一个良好的心态。

心态是一个人的心理状态，直接投射到人的行为上。可以说，心态才是真正的主人。

积极的心态能够减少负面情绪。一个人拥有积极的心态，情绪也会随之变得正面。你将不会沉溺于负面情绪中，且能更快恢复到正面情绪当中，生活也会更加美好且有乐趣。

当需求得不到满足时，我们就容易产生挫败感。挫败感也是因为个人意志或目标受到阻碍无法满足而产生的。当一个愿望或目标被拒绝时，挫败感就会增加。而现在的青少年因为缺乏必要的心态修炼，所以挫败感产生得更频繁，也容易产生激动的行为和心理反应。

美国著名学者威廉·詹姆斯说过："只要怀着良好的心态去做你不知道能否成功的事业，无论从事的事业多么冒险，你都一定能够获得成功。"这也就是我们总说的"心态决定成败"，我们面对烦恼和挫折时心态不同，将会带来不同的结果。

我们以积极的心态面对问题，那么那些小困难、小阻碍只会让我们越挫越勇。父母能给孩子的物质是有限的，金钱再多也无法满足肆意挥霍。帮助孩子获得面对生活的积极心态，这才是他们人生中最重要的财富之一。因为他们在未来的路上再也不会惧怕，就等于已经成功了一半。

科学家的研究发现，一个人心态积极的时候，神经中的多巴胺水平就会上升，而这将有助于提升创造力、专注力和学习能力。

很多人之所以容易沉湎于抑郁情绪和烦恼之中，就是因为他们不能从消极的事件里快速走出来。负面情绪就像是沼泽地，会让人越陷越深，只有积极的心态才能帮助你走出来。

美国科学家曾经进行过一个抗击打能力的实验，所有参加的人都必须在压力下完成任务。科学家研究发现，无论学历水平、性别如何，每个参与者都有焦虑反应。但是那些拥有积极心态的人能快速恢复到镇定状态。

小强从小学开始成绩在班里就是第一名，因为品学兼优，他一直担任班长。不久后，小强如愿考入省重点中学。可是在新学期的第一次摸底考试中，小强只考了第十一名。这让他心里非常难受。

要知道他从来没有考这么差过。但是在这所重点中学里，学生都是各地考进来的尖子生，大家的成绩都很优秀，所以竞争很激烈。

小强开始感到无形的压力从四面八方聚拢过来，于是每天都花很长的时间学习，每一次考试都小心翼翼的，生怕出错，因为一道题目也许就能使他在排名上浮动好几名。

这时候班级里又开始选举班委。小强的目标是班长，所以他投入了很多精力。但是选举的结果出来了，小强落选了。在压力和竞选落败的双重打击下，小强一下就对自己失去了信心。他整天忧心忡忡，甚至开始怀疑自己：我是好学生吗？难道我一点儿能力都没有吗？

他甚至担心自己能不能熬到中学毕业、能不能考上重点高中、能不能上重点大学，为此夜不能寐。

在身体和心理的双重打击下，小强瘦了好几斤，还得了严重的胃病。他觉得他的人生大概就这样完蛋了吧。

他哭着对妈妈说："妈妈，我不想上学了，我太没用了，不是读书的料。周围的同学都比我优秀，我什么都干不了，您看我现在身体也不行了。"

妈妈把小强的情况都看在眼里，却不知道小强为什么会消沉。她听了小强的诉说后，才知道原因，于是对小强说："小强，身体上的疾病只是一时的，根本不是什么大病，真正的问题在你心里。你不妨把人生想象成一个沙漏，有成千上万粒沙子需要从中间的那条细缝中流下去。它们有自己的频率，什么时候通过、什么时候落下都有规律。除非沙漏被摔碎，不然谁都没办法让所有的沙子同一时间从窄缝里通过。人生也是一样，我们每天要面对无数问题和挑战，只能一件一件慢慢来，不能着急也不用着急。你现在遇到的那些事不过是小烦恼，对以后来说根本算不了什么。你不如试着微笑面对，然后依次解决这些问题。"

妈妈的话给了小强很大的启发。他决定用积极的心态面对周围一个又一个的压力。他按时吃饭、喝药，把病养好了，然后锻炼身体，不再焦虑难眠。对学习上的困难他也不再心焦，学会接受周围都是优秀的同学这一现实，然后尽自己最大的努力去学习。他还努力和同学搞好关系，向现任班长学习。在接下来的考试里，小强果然进步了很多。

青少年在日常生活里，要明确自己的优点。列出你擅长或喜爱做的事，只有认清自己的优势，你才更容易拥有正面情绪，在烦恼来临时，才能保持冷静和理智。

烦恼往往伴随着焦虑和沮丧出现，当它们降临的时候，人往往反应激烈，不知所措。而且它的可怕之处在于，它不是消失了就再也不出现，而是会反复产生。这就像苍蝇和蚊子一样，它们飞过来咬你一口就飞走了，然后又飞过来，在你耳朵边上嗡嗡不停。

如果不能保持冷静和理智，人们很快就会被卷入情绪的风暴里。

人生的挫折和烦恼在所难免，一件事物总是具有两面性：它可以让你情绪崩溃、一蹶不振，也可以让你以此为契机，走向成熟，创造奇迹。你要做的，就是选择以怎样的态度面对它，而不是惧怕它、逃避它。

永远不要低估你面临的问题，也不要低估你应对烦恼的能力。如果不以积极的态度面对这些问题，你就会发现烦恼越来越多，直到无法解决。

当你有具体的烦恼时，比如：你的英语成绩无论怎样努力都无法提高；你的体重总是增加，你害怕变成一个胖子；你和朋友吵架了，已经一个星期了，你们谁也不理谁；父母总是不理解你，而你也不愿意和他们沟通；医生宣布你得了重病……

当面对这些具体的烦恼时，你是不是有逃避的想法？

"英语成绩虽然算不上出色，但我及格了，反正以后也不打算出国。"

"我也不是很胖，隔壁家的女孩比我还胖一样找到了男朋友。"

"没关系，时间会愈合伤口，过几天朋友就会回到我身边的。而且，除了他我还有其他朋友呢。"

"算了，说了也白说，反正爸爸妈妈永远不会理解我的。"

可是你知不知道，这些想法有多危险！看似微不足道的小烦恼，慢慢发展就会变成大问题。我们当然无须庸人自扰，应以微笑

167

去面对烦恼和挫折，但是这不代表你可以忽视它们的存在。

你的焦虑和抑郁，其实都是因为你的不作为产生的。你心里对自己不自信，不相信自己可以解决这些问题，于是下意识地选择了逃避。

不要害怕烦恼，以微笑面对它们，要知道你所面对的烦恼，在这世界上有千千万万的人在经历或者曾经经历。端正态度，并且深信自己的能力，你就一定能化险为夷，解决心理上的危机。

他们依然爱你：
离婚，不等于离家

班主任发现班上品学兼优的小雪最近成绩变得很差，经常不交作业，甚至开始逃学。她试图联系小雪的父母，可是总联系不上。她不得不去家访，最后才从小雪的邻居家得知原来小雪的爸妈离婚了。

现代社会，离婚不再是让人大惊小怪的事情。对夫妻双方来说，离婚也许是一种解脱，但是对孩子来说并不一定是。孩子或多或少会受到伤害。

家庭的破裂往往会让孩子失去安全感。当夫妻双方陷入离婚的纠纷之中时，他们很难再有精力注意孩子，对孩子的关注、关心都会减少，有时候还会把孩子当作出气筒，对孩子的态度突然变得粗暴而急躁。

而有的夫妻不想让孩子知道他们的状况，于是选择了隐瞒，但是又做不到像原来一样全心全意地关心孩子。孩子往往会感到迷茫，因为爸爸和妈妈好像突然都不再重视自己了。

当孩子意识到家庭正面临破裂的时候，就会感到恐慌："我以后跟谁一起生活？""爸爸妈妈谁会要我？""我遇到困难以后该找谁？"

有的孩子会将父母的感情问题归结到自己身上，认为自己是家庭破裂的元凶，会哭着求爸爸妈妈："爸爸妈妈，我以后一定听话，再也不会烦你们了，你们不要离婚好不好？""都是我的错，你们不要吵架了！"……

因为缺少亲情，有的孩子会觉得比别人少了什么，在听到别人家庭和睦时，会感到失落悲伤。如果再遭到嘲笑，他们很容易会将其和家庭破裂问题联系到一起，久而久之就形成了孤僻、自卑、多疑的性格。

其实我们都知道父母是爱我们的，但是"知道"无法"感觉"。对心智还在发展的青少年来说，他们会认为：如果你们爱我，为什么要离婚？

父母离婚了，孩子必然会被某一方"抛弃"。他们无法再从父母那里得到双份的情感回应。

在家庭破裂的时候，很多大人自己都焦头烂额，根本无法顾及孩子的感受。他们对孩子的情感需求往往视而不见、充耳不闻，因此孩子心里的阴影只会无限放大。

世界上没有完美的父母。

父母觉得，我们爱孩子啊，怎么不爱孩子了？我们让孩子上最好的学校、穿最好的衣服、给孩子买最好的学习用品，怎么能说我们不爱孩子呢？还要我们怎么爱孩子？还能怎么爱孩子？

即使对孩子的日常生活起居照顾得无微不至的父母，很多时候也无法让孩子体会到"爱"。

一个不健康的家庭关系未必强过一个离异的家庭。青少年要明白，大人有自己的生活。他们的离异不是你的错，你无须内疚或者自责。不管未来如何，爸爸还是爸爸，妈妈依旧是妈妈，他们对你的爱不会因为离开了而有什么不同。

青少年如何在破碎的家庭关系里保持自己的心不破碎？青少年身为家庭中的一员，也要尽自己所能去理顺这种新的关系。

完美的家庭关系是夫妻间和睦相处、从来不争吵；在"次完美"的家庭关系中，夫妻有摩擦、有争端，即使双方再愤怒，也不会当着孩子的面吵架；而最糟糕的家庭关系就是，整天将孩子置于争吵、冷战、打闹和鸡飞狗跳中。

但是婚姻不会在朝夕间瓦解，总是会有拉锯战，战线一长，就算是再克制的父母也会因为离婚的压力而暴露出情绪上的波动。

夫妻角力如同一场拔河，孩子就是绳子中央的那块红布，双方都想从感情上争取孩子。那种被牵扯的感觉并不好受，所以你要试着置身事外。永远记住，要分开的是他们，而不是他们和你。

要保持中立的态度。离婚这种事情，很多时候肯定是父母当中的一个责任多一些，但是青少年不要把家庭破裂的所有罪责归结到一方身上。要知道父母之间的感情和他们对你的感情，其实是相互独立的。也就是说，对孩子，他们的爱不会因为夫妻关系的终结而消失。

无论他们之间发生了什么事，你要做的是保持不偏不倚的态度，不要掺和到大人的感情纠纷里。就算你知道谁是过错方，也尽量不要和另一方一起与其建立敌对关系。

听到所爱的父母中的一个说另一个的坏话，这对青少年来说是件很残忍的事情。你会忍不住想要为另一方辩护，或者表达你同情的赞同声。但是这个时候你不如保持沉默，无论你说什么，不是变成火上浇油就是变成煽风点火，这些都会让家庭关系变得更糟糕。很多时候，他们想要的不过就是一个倾听者而已。

如果父母不了解你的沉默代表你不愿意听到另一方被诋毁，不要害怕，大胆表达你的想法。记住，他们都是爱你的，更多的时候

171

诋毁对方是为了争取你。

不要责怪父母，他们面对离婚这件事，并不见得好受，那么你不如大胆说出自己的感受。

你可以告诉他们："听到你这样说妈妈，我心里很难受。"

"我知道你受到了伤害，但是你很恨爸爸的那些话会伤害我。"

"你们两个我都爱，所以我不想听到你们互相说对方的坏话。"

表达你的感受，也能让父母在浮躁中找回理智，更平和地处理离婚这件事情。

保持平常心看待父母离异这件事情。我国的离婚率连年攀高，2017年上半年有近185万对夫妻离婚，2015年中国的离婚率已经排到了世界第三位。现代社会对离婚越来越宽容，对离异家庭也不再用有色眼镜去看待，所以青少年大可不必有沉重的心理负担。离婚早就不是什么大不了的事情了。

《安娜·卡列尼娜》（*Anna Karenina*）的开篇写道："幸福的家庭都是相似的，不幸的家庭各有各的不幸。"其实父母的感情

好不好，孩子心里多多少少是有谱的。人生很短暂，如果一段婚姻带给彼此的只有无尽的痛苦，那么维持这段婚姻是不人道的。

相爱的夫妻不会离婚，离婚的夫妻，婚姻生活一定是有某些问题的。一个有问题的婚姻，其实很多时候并没有存续的必要。有的父母感情已经破裂，只是为了孩子而选择不离婚，但是他们胸中仍意难平，所以争吵、打架几乎成了家常便饭。这种婚姻对孩子的伤害，并不比父母离异对孩子的伤害小。

青少年应保持一份平常心。要知道父母离婚有他们的原因，我们无法替他们弥补情感的缺憾。所能做的就是支持他们，然后好好保守住双方对自己的爱。

学会照顾好自己。在父母离婚的时候，你能做的就是照顾好自己，接受他们离婚的现实。有的青少年会努力让父母重归于好，不顾一切地去"帮助"父母修补关系，但是结果很不理想，甚至会变得更糟。孩子会因此感到内疚、失望，进而对自己产生怀疑。但是请一定记住，父母离婚不是你的错，你也没有任何责任去修补父母的关系。

对父母离婚后的生活来说，孩子才是对事情影响最大的一方。未来的生活要怎样过，完全取决于你以怎样的心态面对这件事：是逃避现实、抱怨父母，还是接受现实，努力学会处理自己的情绪、感受，学会应对生活里的突发事件。

尽管家庭的变故让你过早地经历了人生的痛苦，但是我们与其消沉，不如利用这个机会让自己走向成熟。告诉他们，你爱他们，也希望他们能像从前一样继续爱你，你对他们的爱不会因为谁离开而有变化。

你原谅父母，也就是放过自己。他们不过是换了一个地方爱你而已。

不是只有钥匙
才能开锁

《伊索寓言》（*Aesop's Fables*）里有这样一个故事。

一只蝙蝠不小心落到了地上，被黄鼠狼捉住了。就在黄鼠狼准备吃掉蝙蝠时，蝙蝠乞求黄鼠狼："黄鼠狼先生，请放了我吧！"

黄鼠狼说："很抱歉，我不能放了你，因为我向来是所有鸟类的敌人。"

蝙蝠马上说："噢，那您可真的不能吃我！您看，我根本不是鸟儿，我只不过是一只老鼠。"

黄鼠狼看了看蝙蝠，觉得它真的很像老鼠。于是黄鼠狼说："原来你是老鼠呀，现在我才看清你。既然你不是鸟，那么你走吧。"

就这样，黄鼠狼放走了蝙蝠。

不久，蝙蝠又不小心被另一只黄鼠狼捉住了。像从前那样，蝙蝠又乞求黄鼠狼："黄鼠狼先生，请您放了我吧！"

这只黄鼠狼却说："不行！我绝不放过任何一只老鼠。"

蝙蝠忙挥动了一下它的前反说："您看、您看，我可不是老鼠呀，我会飞，我是一只鸟儿啊！"

黄鼠狼一看，果然，这个长得像老鼠的家伙是有"翅膀"的："噢！原来你是一只鸟儿，好吧，你走吧。"

黄鼠狼说完，放走了蝙蝠。

当遇到不同的境况时，我们要选用不同的方法去解决。如果我们只是固执于一种方法而不懂得变通，那么就很可能陷入困境之中。

穷则变，变则通。我们在遇到困境的时候，只有思考如何变化、如何寻求新的解决方法，这样"穷途"才能变成"通途"。所谓变通，顾名思义，就是以变化自己、变换思维方式为途径，通向成功的一种智慧。如同我们常说的：能开锁的，不一定只有钥匙。

有位名人说过："你改变不了过去，但是你可以改变现在；你改变不了环境，但是你可以改变自己。"我们赞美追求成功的执着，也肯定执着是一种非常必要的精神。但是执着和变通并不是矛盾的，也不是非黑即白、非此即彼，它们是相辅相成的。

我们也不需要事事执着，我们执着的是对成功的渴望，但是通向成功的过程是需要变通的。萧伯纳（George Bernard Shaw）曾经说过："明智的人使自己适应世界，而不明智的人只会坚持要世界适应自己。"

变通，让人们在面对困难的时候能最大限度地发挥主观能动性，不鲁莽、不偏执，激发出人的潜能。

我们都曾经被问过这样的问题：一块蛋糕如何只切三刀而得到八块？

大多数人拿着刀在蛋糕上切过来切过去，无论怎么切都切不成八块。而这时候，我们不要想着平时切蛋糕的方法，试着换一种思路，就会发现先从侧面横切一刀，然后再回到表面交叉切两刀，这样就轻松地切出八块蛋糕了。

"权益变通是成功的秘诀，一成不变是失败的伙伴。"变通，是我们在逆境、困境中突破重围的方法。凡是懂得变通的人，都是懂得思考的。因为人们很多时候依靠思维的惯性去看问题、解决问题，这是一种偷懒的方法。而那些遇到事情勤于思考的人，总是能另辟蹊径，找到解决问题的方法。

羊祜是魏晋时期著名的战略家、政治家和文学家，陆抗是三国时期的吴国名将。当时吴国的国势已经衰退，但仍有一定的实力。而西晋在灭了蜀以后就把目光转向了东吴。陆抗是吴国荆州的守城将领，羊祜则是西晋的攻城主将。羊祜深知吴国有陆抗这样优秀的将领在，想要短时间内攻占对方的城池，是非常困难的事情。

有一天，羊祜的部下汇报："我们派出去的侦察兵回来了，说吴国的防守十分懈怠，我们如果趁他们没有准备时袭击，一定能大获全胜。"

羊祜却笑着说："你们不要小看陆抗，上次西陵守将步阐降晋，我率军前去，本想用船运粮草前往江陵，谁知道陆抗抢先命人毁坏了堰坝，阻断了我军的水上粮道。我不得不陆运粮草，这样我军行军速度就很慢。陆抗那边却快速攻下了西陵，杀了步阐，我去救援都没有赶上。对付这样的将领，我们不能以暴制暴，要改变作战的方式。"

羊祜总结了这次教训，认识到吴国的国势虽已衰退，但平吴的战争不宜操之过急。于是他决定采取军事蚕食和以德服人的策略，积蓄实力，寻找灭吴的最佳时机。

羊祜占据了荆州以东的战略要地，先后建立了五座城池。这里土地肥沃，他对吴人实施怀柔、攻心之计，于是吴人来降者络绎不绝。每次和吴军交战，羊祜都预先告诉对方交战的时间，从不搞突然袭击。羊祜的军队行军路过吴国时，收割田里稻谷以充军粮，但每次都会根据市价以锦帛抵价；打猎的时候，羊祜不许部下超越边界线，如发现鸟兽等猎物是吴国人先打到的，那么就让部下还给人家。所以，吴国的人对羊祜十分尊敬。

陆抗将羊祜的行为都看在眼里，赞叹道："羊将军治军有方，我不能冒犯他啊。"他将送还猎物的晋国士兵叫到帐里，拿了一坛好酒请对方送给羊祜。

羊祜得到美酒后，直接打开就要喝。他的部下劝他："将军还是要小心，只怕其中有诈啊！将军您还是别喝这坛酒了。"

羊祜哈哈大笑道："陆抗哪里是下毒的小人，不必疑虑。"说着就喝了起来。

陆抗听说后非常敬佩羊祜的胸襟和胆识，从此双方经常派遣使者往来互相问候。

有一天，陆抗派人去看羊祜，羊祜问来人："陆将军的身体怎么样？"

来人回答："我们主帅已经卧病在床好几天了。"

羊祜就派使者给陆抗送药。吴军的将领怕羊祜在药里动手脚，都劝陆抗不要喝，陆抗却说："羊祜怎会用毒药害人呢！"

果然陆抗喝了药很快就好了。陆抗常告诫将士们说："羊祜专以德感人，如果我们只用暴力侵夺，那就会不战而败。"

在战场上，似乎只有两军交战才能分出胜负。但当羊祜发现对方的将领是军事上的奇才时，就知道如果正面作战自己将会遭受严重打击。于是他没有坚持和敌人硬碰硬，而是采取变通的方法，施行仁义，用另外一种方式让敌人心悦诚服，不仅宣传了西晋的仁德，更避免了军队的损失。

事情的发展从来不是一条直线，情商高的人能够抓住时机把握规律，通过变通达到既定的目标。

野兔是一种很难被捕捉的动物，我们总是说"狡兔三窟"，是因为它们狡猾又灵活。但是在冬天下雪以后，野兔又非常容易被捕捉到。野兔在下雪天出来觅食时，总是小心翼翼，一有风吹草动就会嗖的一声返回洞穴里。但是当它们发现周围是安全的以后就会按照原路返回洞穴。因为野兔从来不敢走没有自己脚印的路，所以它们必然会按照原路返回。当猎人在雪地上发现野兔的足迹后，只要在途中设置好机关，就一定能捉住兔子。

野兔正是因为太相信自己曾经走过的路，不懂得变通，才容易在下雪天被捕获。

现代社会瞬息万变，昨天的真理也许在今天就成了谬论。青少年要懂得，这是一个优胜劣汰的社会，人生的每个阶段都是在和不同的人竞争。如果你总是一成不变，就会陷入失败境地。

当一条路走不通时，你继续坚持往下走，不撞南墙心不死，那就是钻了牛角尖，浪费了自己的精力和时间不说，还无法到达成功的彼岸。而学会变通，寻找新的路径，你会发现成功就在不远处。

变通不是向困难妥协，也不是向困难低头，而是分析了自己面对的困境后做出的积极反应。当我们所在的环境发生变化时，我们就要随之一起变化，去适应社会和他人的变化。那些成功的人都是懂得变通、懂得进退的。

"水随器而圆，人随水则变通。"我们懂得了变通，就是无论遇到怎样的困难，都会有一种"总有办法可以做到"的信心。因为在那些人还没注意到的角落里，总是有解决问题的方法等待着有智慧的人去发掘。

在美国的一个社区里，有几个整天无所事事的孩子，以踢垃圾桶发出噪声为乐。社区里的居民再三警告这些孩子，可是他们一点儿也不为所动，甚至踢得更欢快了。

有一个教授也住在这个社区里，也被这些噪声弄得不胜其烦。可是看到那些无功而返的邻居，他觉得必须用其他办法解决这个问题。

第二天，这位教授看到那些孩子又开始踢垃圾桶了，走出家门来到他们身边，很有兴味地看着他们。

孩子们开始以为他也会像其他居民那样责骂自己，准备了一肚子"回敬"的话。没想到他却只是笑眯眯地看着他们。

孩子们问他："老头儿，你笑什么？"

教授说："我觉得很开心。在我年轻的时候我也经常这样做，但是现在我年纪大了，不能再这样干了，而看到你们我好像看到了年轻时候的自己。这样，如果你们每天都来踢垃圾桶，让我开心一下，我每天给你们一人1美元。"

孩子们听了之后高兴坏了，于是踢得更欢快了。

几天以后，当这群孩子又开始踢垃圾桶的时候，教授又出现了。可是这次他满面愁容："世道真是太差了，学校里裁员，没被裁员的人都要降工资，现在我只能每天给你们5美分了。"

孩子们有点儿不高兴，可是有钱拿比什么都没有强，于是他们依旧每天来踢垃圾桶，却没以前那么卖力了。

又过了几天，教授又哭丧着脸对他们说："真是太伤心了，我被裁员了，失去了工作。我能每天付给你们2.5美分吗？请你们踢垃圾桶，带给我一些快乐吧！"

"什么？！"孩子们大叫，"只有2.5美分？你以为我们会为了区区2.5美分而在这里浪费时间踢垃圾桶让你开心吗？那可真是太便宜你了！我们绝对不干这种亏本的事情！"

于是孩子们一哄而散，这个社区终于恢复了平静。

　　懂得变通的教授知道，如果像平常一样对这些孩子晓之以理，动之以情是行不通的，他们是不会听从别人的教育或者警告的。

　　只要我们懂得变通，学会使用不同的思维方式去考虑问题，那么就能发现解决问题的新方法。此路不通，我们还可以走其他的路。打破固有思维，机会就会在不经意间降临。

再不幸的人
也有"幸福清单"

生活是一面镜子，你对它微笑，它就会对你微笑。当生命被不幸笼罩的时候，如果你沉浸在哀伤和痛苦里，人生就会日渐灰暗。希望将会一点儿一点儿被侵蚀，剩下的只有绝望。而当你面对生活微笑的时候，你的笑容就已经开始将痛苦驱走，就算往事无法释怀，痛苦不能消失，但是你生命的底色已经被希望照耀得明亮起来。未来将不再是灰暗无光的，而是处处埋着美好的种子，等待着盛开的那一天。

人，不能放纵自己在痛苦的沼泽地里无法自拔。我们要接受那些我们无法改变的事情，改变我们能改变的。

"用微笑把痛苦埋葬，才能看到希望的阳光。有时候，生比死需要更大的勇气与魄力。"说这段话的，是一位叫康莱的女人。

二战时期，就在美国庆祝军队在北非大获全胜的那一天，康莱夫人收到了一封国家作战部发来的电报。在电报里，康莱夫人得知他的侄子在一次作战行动中失踪了。

181

康莱夫人一生孤苦，没有丈夫和孩子，含辛茹苦地把侄子抚养成人，侄子是她唯一的亲人。康莱夫人接到电报后坐立不安，很怕听到什么不好的消息，可是每天又盼望着邮递员能按响她家的门铃，带来侄子已经归队的消息。

然而，她接到的第二封电报是侄子的死亡通知。

康莱夫人觉得世界顿时陷入了黑暗之中。她曾经庆幸自己有一份喜爱的工作，培养出一位年轻有为的青年，然而这一切都随着这封电报消失了。悲伤瞬间将她击垮了，她觉得自己已找不到活下去的理由和希望。她放弃了工作，疏远了朋友，心底滋生出恶毒的怨气：为什么要打仗？为什么死去的是我的侄子？为什么上帝要让那么好的孩子去死？

康莱夫人因为悲伤过度，无法再正常生活。她害怕待在家里，因为房子里的每个角落都能让她想起侄子。最后，她决定去一个陌生的地方，能让自己好好哭泣，也许就那样默默死去也好。

在康莱夫人收拾行李的时候，无意中发现了一封信。这封信是几年前母亲去世时，侄子写给她的。

在信里，侄子告诉她："当然，我们都会怀念她，特别是你，但我知道你会撑过去的。你有自己的人生哲学，我永远不会忘记你教导我的动人心弦的真理。无论我在什么地方，我都会记得你的教导：要像个男子汉一样，用微笑迎接任何命运。"

康莱夫人顿时呆住了。这仿佛是上帝的安排，让她在这个时候又看到这封信。这封信，好像是侄子亲自向她道别。他知道无论发生了什么，她都能坚强地面对生活。

康莱夫人放弃了逃避的念头，决定收拾好心情，坚强快乐地活下去，并且活得更有意义！

康莱夫人将自己全部的精力都投入到了工作中。不仅如此，她太懂得一个士兵亲人的心理了，把那些在战场上的男孩子，都当成自己的侄子一样热爱。她在业余时间给那些士兵写信，在晚上参加成人教育，努力去挖掘自己的新爱好，交更多的朋友……

虽然侄子不在了，可是他好像永远陪在康莱夫人身边，看着她从哀伤里走出来，开始全新且更美好的人生。

当不幸发生时，如果你的第一个念头是"完了，我的人生彻底完了。我应该是世界上最不幸的人了"，那么你就很难逃脱悲观的诅咒。

当被不幸击中时，我们不要急着抱怨和悔恨，而是问问自己："我是真的完了吗？我的人生再没有别的意义了吗？我拥有的相比失去的，难道是微不足道的吗？"

一时的不幸并不会成为终身的不幸，只要保持乐观向上的心态，那些阴影总有被赶走的一天。可如果你总是沉浸在当下的不幸里不肯抬头，那么这些不幸才会成为你终身的不幸，让你一辈子都在泥潭里挣扎，永无出头之日。

布斯·塔金顿（Booth Tarkington）是美国著名的小说家，与威廉·福克纳（William Faulkner）、约翰·厄普代克（John Updike）是仅有的两次获得普立兹小说奖的三位小说家。他一生共创作小说五十多部、剧本二十五部，是20世纪初美国最受欢迎的小说家之一。

他常说："我可以忍受一切变故，除了失明，我绝不能忍受失明。"

但是命运像是故意和他开玩笑一样，在他六十岁的一天，他突然发现客厅地毯的颜色在他眼里变得模糊了，素日充满阳光的客厅也无法拼凑出地毯上的图案。他急忙找来医生，医生检查后告诉他，他得了很严重的眼疾，很有可能要失明了。

布斯·塔金顿遇到了他人生中最不愿意遇到的事情，还有什么比这个更不幸的呢？你以为他就此倒下了吗？完全没有。布斯·塔金顿积极面对自己的疾病，虽然视力日渐衰弱，可是他仍旧保持着乐观的心态：眼睛不是还没有瞎吗？你看，我今天还是能看到一些东西的。

当斑点在眼中乱晃，让他无法看清东西的时候，他就打趣地说："嘿，又是你这个大家伙，你又要到哪里去？"

为了治疗眼疾，一年内布斯·塔金顿接受了12次以上的手术。在眼睛上动手术，心理上的压力和痛苦可想而知，而且他只能接受局部麻醉。但是他仍旧以轻松的心态面对自己的不幸，与其失控哀怨，不如优雅地接受现实。每次手术完，他都要求住集体病房，因为可以用幽默感让所有的病友都快乐起来。在那个时候，他更能感受到自己的力量。

他并不把一次又一次的手术视为不幸，反而认为这是"快乐也换不来的体验"。他觉得自己是幸运的，因为他有足够的经济能力，当时也有先进的医学能让眼睛做手术。

虽然布斯·塔金顿还是失明了，他却说："我现在已经完全接受了这个事实，现在的我可以面对任何状况。"那些不幸并不可怕，因为积极的心态给了他无穷的力量面对一切。

就算我们哭闹着不肯接受命运赐予的不幸，这些不幸也不会被命运回收走一分一毫。能改变我们的，只有自己。

亚伯拉罕·林肯曾说："人们如果下定决心要拥有幸福，就会那么幸福。"也就是说，如果你认为自己不幸，那么你的眼里除了不幸就再也看不到任何东西了。

奥普拉·盖尔·温弗瑞（Oprah Gail Winfrey）的身上有很多头衔：美国电视脱口秀主持人、制作人、投资家、慈善家、美国最具影响力的非洲裔名人之一、时代百大人物。然而你不会想到，她在九岁时就被强奸，为了生计不得不去做雏妓。人生以这样悲惨的方式开始，奥普拉是怎样绝地反击，取得今天的辉煌成就的？

奥普拉是一个私生女，母亲是一位女仆，父亲是一位士兵。母亲不到二十岁就未婚先孕生下了她，她的童年是在贫寒中度过的。奥普拉自幼跟随外婆生活，住在贫困偏远的乡下。

奥普拉六岁那年，母亲把奥普拉接回身边，可是母亲只能靠打零工度日，根本没有精力去管奥普拉。奥普拉浑浑噩噩地过着不知所谓的生活。九岁的一天，表哥在家里强暴了奥普拉。可是作为一个穷苦的黑人女孩，她得不到任何帮助。于是她越来越自卑，痛恨这个世界，恨这个世界给予她这么多的不幸，开始自甘堕落。很快，奥普拉变成了一个不良少女。她整天和街头的小混混厮混在一起，根本不去上学，抽烟、喝酒……

因为她的行径太恶劣，社工决定把她送进少年收容所。但是因为当时床铺太紧张，奥普拉又被送回了家。母亲拒绝接受这个无可救药的女儿，于是让父亲把奥普拉接走。

父亲对奥普拉说："有些人让事情发生，有些人看着事情发生，有些人连发生什么事情都不知道。"她是这样年轻，还有未来。如果她想要一个不一样的未来，那么就忘记过去重新开始。

在父亲的严格教导下，奥普拉开始回到了正轨。因为没有正经上过学，父亲给她制订了严格的学习计划，如果完不成任务就不能吃饭。

奥普拉渐渐觉得自己并不是一无是处的。她天生就是个能说会道的人，积极参加学校的各种活动，并在一次演讲比赛里获得了第一名。她看到自己通过努力可以学会很多东西，也能取得好成绩，越来越开朗。

十七岁的那年，其貌不扬的奥普拉勇敢参加了田纳西州小姐大赛。凭借着出色的演讲能力和口才，她征服了所有的观众和评委，获得了冠军。

奥普拉终于发现了自己的天赋，也把目光放到了更大的舞台上。十九岁时她开始了广播生涯。凭借着过人的机智和口才，奥普拉取得了越来越大的成就，成为美国上至八十岁的老人、下至五岁的孩子无人不知、无人不晓的知名主持人。

曾经的苦难和不幸，都是激励你变成更好的自己的动力。人生说来很长，又很短。在有生之年，我们大概会经历大大小小的不幸。可是要知道，再不幸的人也有属于自己的"幸福清单"。

这份"幸福清单"可能是不离不弃的朋友和家人的陪伴，也可能是一想起来就能让你感到温暖的话语，也可能是你还没发现的天赋，也可能是青春、健康、聪明才智……这些，都是容易被忽略的美好事物。

有些事情，我们选择不了，也改变不了，但是我们可以接受现实，不要抱怨、抗拒、诅咒，然后看到已经拥有的，做好调整。正如美国心理学之父威廉·詹姆斯所说的："心甘情愿地接受吧！接受现实是克服任何不幸的第一步。"

第七章

你能比他们更懂事

——家庭是检验情商的安全地带

当身处人生最低谷的时候，只要你愿意，你会发现所有
的路都是向上的。以爱入药，必得良医。

原生家庭对我们
意味着什么

莉斯·默里（Liz Murray）1980年出生于纽约市布朗克斯区，那是纽约著名的贫民窟。她的父母从最开始的跳跳迪斯科变成了吸毒。从记事开始，她就目睹父母每天注射可卡因。因为沉迷于毒品，父母根本无力照看莉斯和她的姐姐。吸毒让父母丧失了找工作的动力，于是全家人一直在贫困中生活。

父母为了吸毒偷过莉斯的生日钱，变卖过家里唯一值钱的电视机，卖过姐妹俩还穿得出去的衣服，甚至教堂送给他们的感恩节的火鸡都被父母拿去卖钱买可卡因。

在学校里莉斯没有朋友，没有像样的衣服，头上长满了虱子，同学们不断嘲笑和欺负她，最后莉斯索性辍学。

很快，母亲因为患上艾滋病去世了，被安葬在别人捐献的一个木箱子里，她的父亲则继续吸毒，因为付不起房租只能搬到收容所。姐姐在朋友家的沙发上找到了容身之所，莉斯却没有地方，只能在街区流浪，多数时候她睡在地铁站或者公园的长椅上。

这时候她才十五岁。在居无定所的日子里，莉斯吃尽了苦头，靠着捡垃圾、偷东西维生。十七岁的时候，莉斯终于意识到如果再这样下去，她将会步母亲的后尘。她不想像父母那样生活，想改变自己的命运！

于是她一边流浪一边学习，用两年时间完成了高中四年的学业，并获得"《纽约时报》一等奖学金"，成功进入了哈佛大学。莉斯还曾获得"白宫计划榜样奖"及美国脱口秀女王奥普拉·温弗瑞特别颁发的"无所畏惧奖"，更受到美国第42任总统克林顿的接见。

在我们看国外影视作品的时候，我们会发现他们经常强调"心理创伤"。这些创伤常常来自小时候不愉快的经历，比如被父母打骂、责罚。父母生活习惯不好，孩子长大后也很难脱离家庭对他的影响。

这就是心理学家所说的"原生家庭"的影响。一个人成年以后，他的行为无论是积极的还是消极的，都能从他的原生家庭里找到原因，也都受到原生家庭对其潜移默化的影响。

如同莉斯一样，原生家庭最初对她的影响是负面的。她的逃学、厌学、偷窃等行为都是受到了原生家庭的影响，对她来说这些是再正常不过的事情，她不觉得有什么不对，而当她意识到沉沦后的下场时，原生家庭的负面影响在个人能动力下转变成了正面影响，莉斯想要过和原生家庭不一样的生活，开始发愤图强，最终获得了成功。

原生家庭指的是一个人出生和成长的家庭。心理学家认为，这个家庭的氛围、传统观念、生活习惯、子女在家庭里的地位和经历、家人间的互动关系等，都将对子女日后产生极大的影响。而父母和青少年一样要认识到原生家庭对自己的影响，这样才不至于将原生家庭里的负面因素带到未来。

无论是家长还是青少年，每一个人一生都有两个家。一个是我们出生、成长的家，家庭成员是父母、兄弟姐妹，另一个则是自己组建的家庭，家庭成员是丈夫（或者妻子）和孩子。

　　家庭是社会最小的单位，孩子在家庭中所经历的一切，都将对他们产生莫大的影响，也决定了他们未来将如何处理社会、生活里所面对的问题。家庭就像一个有生命的机体，每个成员都是这个机体里的细胞。

　　随着细胞的成长、改变或者变异，家庭也会经历不同的生命周期：健康的家庭成为参天大树，枝繁叶茂，没有病虫害；不健康的家庭会将病害传染到每一根树枝、每一片枝叶上。

　　作为父母，要努力为孩子创造一个健康的原生家庭环境。因为孩子在人格、性格形成的最关键时期都是在原生家庭里度过的。

　　在原生家庭里，如果他们知道如何以开朗、乐观的性格对待生活，如何拥有不怕困难、坚持不懈的勇气，如何在恶劣的条件下自我激励奋发图强，如何带着同理心和他人相处，如何处理和把握自己的情绪……简单地说，就是在原生家庭里获得了情商教育的话，不论原生家庭的经济条件如何，这个孩子未来都是光明的。他们不会轻易被世界的负面信息所改变，更容易和人们相处，拥有良好的心态。

　　情商教育是原生家庭能提供给孩子的最珍贵的礼物和财产。从进入幼儿园开始，一路上小学、中学、大学，直到跨进社会的大门，情商技能是他们无往不胜的利器。

　　青少年不要抱怨原生家庭带给你的负面因素。就算原生家庭让你感到无力，感到想要逃离，也要记住，挫折和逆境不是让你唾弃的，也不是你堕落的理由，它们是生命的另一种馈赠，是生活的一部分。

　　巴拉斯（Balas Iolanda）是罗马尼亚女子跳高运动员，曾3次参加奥运会，获得两枚金牌。她在1961年创造的1.91米女子跳高世界纪录，保持了10年之久。她被称为20世纪最伟大的跳高女王，是田径界的一代传奇。

很多人看到巴拉斯能取得这样的成就，以为她出身体育世家。实际上巴拉斯的原生家庭是非常糟糕的，不仅家庭贫困，她的母亲还有精神分裂症。母亲不能照顾孩子，也无法出去工作。

母亲发病的时候就会冲巴拉斯大喊大叫，她无法控制情绪，巴拉斯不仅挨骂还经常挨打。父亲更糟糕，患有小儿麻痹症，是个残疾人。父亲拖着一条瘸腿，找不到好工作，家庭的贫困、患有精神病的妻子都让他对生活灰心失望。所以父亲只能靠酒精麻痹自己，后来他又染上了赌博的恶习。就这样，巴拉斯的家庭状况越来越糟糕。

巴拉斯从能离家开始就不愿意回家，相比充满了抑郁情绪和打骂的家里，巴拉斯宁可在街上游荡。无人管束的她像个男孩子一样

到处疯跑。打架、骂人、恶作剧都是小菜一碟，很快，她还学会了偷东西。

在巴拉斯十二岁那年，一个名叫威尔逊（Wilson）的跳高运动员看中了她健壮的体格，觉得她有跳高的天分。从来没有人这样告诉过她："你有体育天分，想要跟我一起学习跳高吗？"

巴拉斯心动又心慌，跟着威尔逊来到了运动场上，感到手足无措。她胆怯地问威尔逊："威尔逊先生，我真的能像你一样成为一名跳高运动员吗？"

威尔逊反问她："那你告诉我，为什么不能呢？"

巴拉斯咬了咬嘴唇，很不想提起她的家庭，每次提到她的家庭都会一边唾弃它，一边心疼。"我的母亲是个精神病人，她有严重的精神分裂症；我的父亲是个残疾人，他不仅是个酒鬼还是一个赌鬼。我的家庭太糟糕了！"说着巴拉斯哭了起来。

威尔逊拍拍她的肩膀问她："你告诉我，这些和你跳高又有什么关系呢？"

巴拉斯抬起头，可答不上来了。她认真地想，是啊，这和跳高又有什么关系呢？她嗫嚅了半天才说："因为我不是好孩子，而你那么优秀，我没办法成为一个优秀的体育运动员。"

威尔逊摇了摇头，给她擦干了眼泪："没有谁一生下来就是优秀的，除非你自己不想变得优秀，不然没有人能阻挡你变好。另外，我最想告诉你的是，别再拿糟糕的家境当借口，只是你自己不想变好，并不是家庭阻止你变好。要知道，不好的家境既可以是你成功的阻力，也能变成你成功的动力，就看你自己怎么做。来，让我们试试看！"

说完威尔逊加了一个1米高的栏杆，巴拉斯轻轻松松就跳了过去。这时候威尔逊将那根栏杆撤下来，这次巴拉斯仅能跳到0.6米高。

威尔逊问巴拉斯："你看到了吗？你的家庭就像是上面的这根栏杆，如果没有它，你就没有足够的动力跳过去。现在我把栏杆加到1.2米，你也一定能跳过去。"说着威尔逊把栏杆加到了1.2米。

巴拉斯看了看栏杆，咬了咬牙，一个冲刺，就跃过了1.2米！巴拉斯终于理解了威尔逊的话。苦难的家庭看上去是一道阻挡成功的栏杆，而实际上只要你努力，就能跃过去，而且会跃得更高！

从此以后，巴拉斯开始了艰苦的训练，经过威尔逊的介绍，进入了体育俱乐部。在俱乐部里，她结识了当时罗马尼亚的全国男子跳高冠军约·索特尔（Joel Salter）。在索特尔的精心培育下，十四岁的巴拉斯跳过了1.51米！

巴拉斯并没有为眼前的成绩沾沾自喜，不断迎接更高的挑战：十九岁时巴拉斯跳过了1.75米，第一次打破了世界纪录，接着是1.78米的新世界纪录，从此开始了巴拉斯时代。

在她的运动生涯里，她不断迎接新的挑战，一共14次刷新世界纪录！当她跃过被誉为"世界屋脊"的1.91米的高度后，这个纪录一直保持了10年之久。她在140次的比赛中获得了胜利，是世界上跳高比赛获胜最多的女运动员。

你不是没有选择的，你的选择就是对成功的渴望。当我们处于人生的最低谷时，只要你愿意，你会发现所有的路都是向上的。你未来的路要怎么走，原生家庭要怎样影响你，都是你选择的结果。你可以让那些负面的东西击垮你，从此堕入深渊，也可以让那些负面的东西激励你，涅槃重生。

让我们利用原生家庭之弓，用情商之力，成为一支奔向成功的利箭。

不做"妈宝",
让思想学会独立

你是不是总这样：

很想吃什么东西，但是因为没有人陪着，最后就算了；

想去一个地方玩，但是大家都没空，最终也只能作罢；

遇到问题的时候，第一时间不是想如何解决，而是下意识地想问问父母的意见；

明明自己对某件事情有所判断，可是父母的教导总是在脑海里不停闪现，最终还是放弃了自己的立场；

挂在嘴边的口头禅很多是"我妈妈说了……""我妈妈一定不会允许的……""这样做我妈妈会不高兴的……"

如果你的答案"是"多于"否"，那么你很有可能就是现在人们口中的"妈宝"或者"巨婴"。

"妈宝"几乎所有的事情以母亲为中心，听从妈妈的意见，他们有的人明明已经成年了，可是精神上依旧没有断奶。他们没有独

195

立思考的能力，没有主见、缺乏自信、没有责任感。

遇到挫折和困难的时候，"妈宝"们想到的第一件事情就是找妈妈（或者爸爸）。他们事事依赖，日常生活起居离开了父母就会变得一团糟。他们没有寻求成功的动力，龟缩在父母的家庭里躲避自己应尽的义务。

有一对动物学家夫妇，常年住在一座遥远的小岛上，对岛上的珍稀鸟类进行观察。除了日常生活用品的补给，他们几乎不和外界往来，过着世外桃源般的生活。

有一年秋天，夫妻俩观察到小岛上飞来了一群天鹅。他们在这里从来没见过这些天鹅。通过分析，他们认为这些天鹅是从遥远的北方飞来，要去南方过冬的。动物学家夫妇第一次观测到这种珍稀的天鹅品种，非常高兴。他们拿出鸟儿爱吃的东西来招待这群天鹅，渐渐地和天鹅成了好朋友。

这些天鹅开始还有些惧怕人类，但是在和动物学家夫妇相处的时间里，它们放弃了动物警觉的天性，每天都围绕在动物学家夫妇身边。动物学家夫妇也非常高兴，做了大量的观察，写了大量的观察报告。

很快，冬天来了，可是这群天鹅竟然没有往南飞。它们好像要在岛上住下来一样：白天在湖上玩耍、觅食，晚上在动物学家夫妇帮它们搭建的窝里休憩。不久，湖面结冰了，它们也没办法觅食了，可是动物学家夫妇给它们准备了饲料，把它们的窝加固保暖，一点儿都不担心寒冷的冬天。

就这样，动物学家夫妇和天鹅们生活在一起，日复一日、年复一年。天鹅们也渐渐习惯了吃鸟饲料，而不是去湖里觅食。

等到完成了研究课题，动物学家夫妇就离开了这座小岛。等到第二年春天故地重游时，他们惊讶地发现天鹅们都消失了。原来，这些天鹅已经不懂天冷就要往南飞，也不懂如何在自然界里寻觅食物、躲避天敌，因为它们被动物学家夫妇照顾得太好了，所以丧失了原有的生存本能。当动物学家夫妇离开以后，等待它们的就只剩下死亡。

大多数的父母以为，尽可能帮助孩子做好所有的事情，事无巨细地安排妥当，这样才是尽到了父母的责任。而现实是，这样"尽责"的父母，往往会教出糟糕的孩子。

一份子女做家务情况及自理能力情况的调查显示，在被调查的500个家庭里，有超过60%的孩子不会帮助家长做家务；75%的孩子不会更换衣服；61%的孩子不会自己洗澡；57%的孩子不会收拾整理自己的物品。而70%的家长表示，他们会用金钱和礼物等物质奖励的形式鼓励子女做家务。

凡事都是家长代劳，看似让孩子有更多的时间读书，实际却会让孩子变得对大人过分依赖，家长没有机会培养孩子的责任感，孩子也丧失了独立思考的能力。从长远看，这样百害而无一利。

在每一个看似无微不至的关怀里，孩子一次又一次地丧失了学习独立和自理的机会，这让他们在一步一步变成没有自己思想的"妈宝"。

苏联著名教育家马卡连柯（Anton Semenovich Makarenko）的《父母必读》（A Book for Parents）一书中有这样一段话："子女固然会由于父母方面的爱的不足而感到痛苦。理智应当成为家庭教育中常备的节制器，否则孩子就要在父母最好的动机下，养成最坏的特点和行为。"

当一个人丧失了独立思考的能力，终其一生也许都会缺乏独立能力，更不用指望他有什么突破和创造力了。

当我们发现自己越来越有依赖思想，遇到事情常常手足无措不知道该怎么办的时候，我们就该意识到，是时候改变依赖心理了。

要想培养独立自主的精神，你就要试着走出舒适圈，从日常起居做起，自己的事情自己做；学会自我监督，开始给自己制订计划，而不是凡事依赖父母。

比如你有赖床的习惯，那么从现在开始就用闹铃叫自己起床，而不是等着父母走到床边温柔地将你从睡梦中唤醒。

从收拾房间开始，把自己的东西分类整理好，在找不到东西时，你不再张口就问："妈，我的语文书在哪里？""妈，我的鞋子找不到了！""妈，我的作业本你放到哪里去了？"……

在学习自理的同时，青少年能感受到父母、他人劳动的不易，因此能减少自私自利的想法，学会理解、照顾他人。

在遇到问题的时候，多问自己几遍"为什么""我应该怎么做"，而不是还没有经过思考，就去寻求别人的帮助。当发现通过自己的独立思考问题得到解决后，你就会喜欢上自己解决问题带来的快乐，这样也会增加学习的兴趣。

爱因斯坦说过："学会独立思考和独立判断比获得知识更重要。不下决心培养思考习惯，便失去了生活的最大乐趣。"

当你学会了独立思考，你就不会凡事都依赖他人，不再唯书、唯上。不论什么事情，你都能有自己的判断，也会越来越自信。因为如果不能独立思考，你就会随波逐流、人云亦云，永远无法取得成就。

从你明天穿什么颜色的衣服开始，学会自己拿主意。试着不再凡事都询问别人的意见，一些不是关系重大的事情，你完全可以靠自己。

比如当你想发展一项业余爱好时，是选择钢琴还是选择二胡？听从你自己内心的声音。不要只是因为父母觉得钢琴档次更高，你就一定要去学习钢琴。如果你心里喜欢的是二胡，那么与其心不在焉地学习钢琴，不如选择喜欢的二胡。因为只有真心喜欢的东西，你才会全心投入其中，才能做好。

人生的道路很漫长，父母能给你铺的路有限，你能走多远靠的是自己的双脚。记住，没有人能管你一辈子，你的那些不良习惯，父母只能管你一时。当他们不在的时候，如果你还没有学会自我管理的话，你的整个人生都将失控。

青少年要学会认识自我，知道自己的长处和短处。你不妨列一份清单，写上自己需要克服的不良习惯，比如做事拖拉、懒惰、没计划、态度马虎、喜欢半途而废等，然后再写一份清单，写上自己的兴趣、爱好、性格、能力等。

只有认清了自我，才能更好地管理自我。对不足之处，就留心改正；对自己的优点，就要发扬。

学会独立思考，不是刚愎自用。在我们需要别人帮助的时候，不要一意孤行。青少年很多时候思维还不够成熟，还是需要老师和父母的指导的，但这些和独立思考并不矛盾。别人的意见你可以参考，对照着自己的特点，通过独立思考做出最终的决定。

爱依赖的人，不仅生活无法独立，精神更无法独立自主。因为缺乏安全感，所以他们会和陌生人保持距离，不愿意尝试新的人际关系。他们把自己束缚在已有的人际关系里，把所有的希望寄托在别人身上。

想要摆脱这种对他人的依赖心理，你不妨试着感受一下独来独往。很多时候，很多事情不敢去尝试，或者不去尝试，是因为你心里依赖的对象没有陪同在身边。如果你想踢球，而你的伙伴想打篮球时，不妨顺从自己的内心，大家各自分头去玩。这样你有机会认识新的朋友，再和老朋友相处的时候也有更多新鲜的话题。你可以试着独自看一场电影，独自参加一场比赛，你会喜欢上这种独立的感觉。

高难度对话：
与父母沟通的最佳时机

　　其实无论是父母和子女，还是子女和父母，都缺乏有效沟通。青少年觉得父母太过"简单粗暴"，他们说来说去都是那几句话："你看看别人家的孩子！""我这都是为你好！""这事都说过多少遍了？""我们以后就指望你了！""你怎么这么不懂事？"……

　　这样的对话，让我们还怎么继续交流？

　　青少年也有很多无奈：

　　"对爸妈所问的问题最好的回答就是'不知道'，他们要是问起怎么样，那就说'还好'。"

　　"这件事情我不会跟爸妈讲的，他们不会理解。如果我说了，他们就会一直唠叨到我放弃为止，所以不如不说。"

　　"我不能告诉他们我遇到的事情，他们会受不了的，我也不想让他们担心。"

　　"爸妈当初没有尊重我的意见，现在我为什么要去问他们的意见？我已经不再相信他们了。"

"父母对我太关心，让我觉得很内疚。所以我更不知道该怎么跟他们说起这件事了。他们会对我失望的。"

爱之深，恨之切。社会给予他们的压力和焦虑，使得他们不得不转嫁给孩子。他们对孩子爱得深，所以才更害怕在离开自己之后孩子无法在社会上生存，于是他们拼命想要孩子变得更好。

美国密西西比州一名二十五岁的年轻父亲，因为年仅三岁的女儿答不出数学题而对她进行体罚。这位父亲全力用竹竿击打女儿，竹竿被打断后他便换成手机充电线接着抽打，直到女儿不省人事他才叫救护车。

当天晚上，女儿被直升机送往杰克逊市接受治疗，但还是在第二天下午去世了。当父亲得知女儿去世时，感到非常难过，不断重复："我杀了我的孩子、我杀了我的孩子……"但是他对警方说，"这世界是残酷的，如果她想活命，就必须坚强。"

这样的悲剧不是第一个，也不是最后一个。

父母都是爱我们的，我们也都是爱父母的。但是爱无法替代理解，要理解，就必须沟通。

资深教育家杰拉尔德·纽曼曾（Gerald Newman）做过一项研究，给父母和孩子一份问卷调查，让他们分别写出在家庭关系中遇到的最难处理的问题。

结果显示，孩子们认为：

"父母经常因为无关紧要的事情大喊大叫。"

"他们认为自己永远是对的，你怎么说服得了他们呢？"

"他们似乎已经对我不抱希望了。"

"为什么父母总是对什么都怀疑？"

"他们对我不说实话的时候，让我怎么对他们说实话呢？"

"他们总是反应过度，让讨厌上学的我更加厌恶学校了。"

"和他们探讨我的问题与感受很别扭。"

而让父母感到焦头烂额的则是：

"我怎么才能让我的孩子做家庭作业呢？他说家庭作业让他讨厌！"

"孩子的房间像个猪窝，我该怎么办？"

"如果不大声嚷嚷或者打屁股，那该怎么对付孩子改不了的坏毛病啊？"

"我担心我对一些情景的反应，可能会让孩子不再愿意跟我说他的事情。"

"对有关和父母关系的开放式问题，孩子不会做出任何回答。"

"怎样才能有效管教孩子，而又不伤害孩子的心灵，或者好奇心？"

"我的孩子们老是打架，快让我发疯了。"

"当你信任自己的孩子却发现他一直在对你撒谎时，你怎么做才能找回对他的信任和尊重呢！"

看，父母和孩子想的是多么不一样的事情！家长担忧和沮丧的是因为孩子没有履行他们的期待，孩子烦恼的则是和父母无法顺利沟通。

良好沟通是人际关系和谐的基础，在家庭关系里更是如此。想让一切事情顺利运行，没有良好沟通为基础，是根本进行不下去的。可是中国式亲子关系被"君君臣臣、父父子子"的传统关系所影响，让父母和孩子之间的交流大多停留在"命令""指导""斥责"上。家长虽然有和孩子沟通的意愿，但是他们仍然不懂怎样沟

通才是好的方式。

　　而孩子们面对着一副"指导员"姿态的父母，往往感到委屈和不被谅解。父母不屑于解释他们的感情，孩子也无法懂得他们的感情。这样下来，两代人的沟通变得越来越少，家庭关系变得越来越冷淡。

　　其实"沟通"的本义挡开沟使两水相通，现在泛指人和人的思想交流。沟通应该是双向的，而不是某方单方面地去努力。作为青少年，如果感觉和父母之间存在一些问题，不要坐视不理，也不要盲目等着父母解决。

　　有位教育家说过："幼儿园时，孩子的行为应由父母负全部责任；小学时，孩子的行为应由父母负大部分责任；而在中学时，孩子应为自己的行为负一半责任。"

　　所以青少年将所有的责任和过错归到父母身上，是非常不负责任的做法。我们接受了这么多年的学校教育，早就拥有了初步的三观和判断能力，将自己的过错完全推给父母是不负责任的做法。其实我们可以主动和父母交流，努力改善和父母之间的关系。这并不只是父母的责任和义务。

其实我们对父母何曾真的认识过呢？相信越来越多的父母愿意放下身段开始放空自己，向孩子敞开心扉。孩子也要一样，从头学起如何和父母沟通。

正确认识父母和自己。首先我们要有一个端正的态度，不要一想到父母就产生逆反心理。我们要懂得，父母的出发点都是为我们好，虽然他们的做法有欠妥当，或者有时候会让我们反感。

我们小时候仰望他们，觉得自己的爸爸妈妈是世界上无所不能的人，但是等我们长大后会发现父母根本没有我们曾经想象的那么厉害，他们也是普通人，也会犯各种各样的错误，所以我们开始失落，甚至有些瞧不起父母。

父母望子成龙、望女成凤，但是他们自己并不是多成功，反而要求你这样那样，还要每天在你耳边唠叨"别人家的孩子多出色，我怎么生了你这样没用的孩子"。其实，他们只是想表达对你的激励，希望你能知耻而后勇。这时候我们要做的就是消除内心的叛逆情绪，先让自己冷静下来，告诉自己：我知道他们的好意，我不要因此而生气。父母有着和我不一样的家庭、教育背景，他们生长的时代也和我们大不相同。相应的，我们的消费观念、人际交往中面对的问题都和他们不一样，但是他们可能并不了解。

你不妨平静地对父母表达你的感受，比如："爸妈，我知道这次没考好，我下次会努力的。但是请不要再拿我和别人比较了，那样会让我感到难受。""我有对零花钱的消费计划，虽然这次买的这个东西很贵，但我不是在乱花钱。"……

你要用自己的言行让父母感觉到，虽然你做了他们不喜欢的事情，但你不是一个胡来的人，有自己的计划和考量。

青少年也不要和父母作对。比如他们让你穿条秋裤，你就算冷得直流鼻涕也不穿。这种并不叫有主见，而是幼稚的逆反行为。当父母真唠叨得令你心烦意乱时，你要试着和他们谈谈："妈，我知道天气冷了，我会多穿衣服的，您不需要说那么多遍。"

我们自己也要反省，为什么一件事情父母总是反复说？也许是因为我们从来没意识到错误，或者明明知道自己有错，却一直没有改正。

父母因为一直等不到你改正，所以每次看到你的不良习惯就会忍不住唠叨："怎么还不去写作业？""早上起来为什么吹头发要这么久？头发还不去剪？""作业到底做完了没有？""吃饭的时候为什么不停玩手机？""房间怎么还是那么乱？"……

其实，你在父母开始提醒的时候，如果能及时改正那些小毛病，很多时候就不会再听到父母的唠叨。如果你真的没空去做某件事情，或者正准备做某件事情，那么就直接告诉父母你的安排，让他们知道你不是不去做，而是另有安排。他们看到你是个做事有条理的人，自然就会减少唠叨。

别任性，如果你不说，别人是猜不到你的想法的。所以，你对父母的行为和言论有意见的时候，不妨试着表达出来。不要把那些不满和不屑都压在心里。

"他们什么都不懂。""他们又不知道是怎么回事。""他们怎么可以说出那么伤人的话？我也是有自尊的。""他们怎么可以那样做。"……这些话放在心里没有一点儿用，你不说出来，父母反而会以为你是因为心虚无力反驳。你要试着平静、委婉地表达你的意见，不要冲父母发火，要有理、有礼、有节地和父母沟通。

沟通，并不一定要在严肃、特定的时间内进行。很多时候，青少年会觉得如果特意找爸爸妈妈去"聊天"，感觉很奇怪。爸爸妈妈会很紧张，不知道到底发生了什么事情，反而不利于双方的沟通。在日常生活里，你就要随时营造沟通的气氛。

比如吃饭的时候说说学校的趣事，顺便问问他们的过去，问问他们在你这样的年纪时发生的事情，如果他们遇到某种情况会怎样去做，让父母在轻松的气氛下也回想起自己的年少时光，让他们试着以一个孩子的立场对待你。当他们理解你时，他们就会对你的行为产生共鸣，继而反省自己的行为，这样很多问题就会迎刃而解。

你要对父母有信心，不要吝啬表达你的迷茫和害怕。如果你遇到什么困难，要大胆地向家长求救，告诉他们你希望得到他们的意见和指导。父母不会因此而指责你，反而会因为你的信任而感动。再严厉的父母，心底对孩子都是满满的爱。收起你的利爪，不要伸向父母，展示给他们你的软弱也不是什么可耻的事情，因为我们就是要在父母的呵护下成长的呀！

摆脱唠叨：
用行动证明"我已经长大了"

　　根据调查，青少年对父母最反感的种种行为里，"唠叨"毫无意外位列榜首。

　　"你怎么还不去做功课？"

　　"你快点儿，还在拖拖拉拉！"

　　"多吃点儿蔬菜，蔬菜对身体好！"

　　"你为什么每次都把衣服扔得满屋子都是？快点儿收好！"

　　"马上要考试了，你到底复习好没有？"

　　套用一句名言，那就是"唠叨的家长都是一样的，不唠叨的家长各有各的不同"。

　　如果说青春期的孩子就是一支炮仗，那么唠叨就是点燃炮仗的火星。我们对来自同学、朋友的唠叨大部分时间还可以忍受，但是对来自父母的唠叨，我们的爆发阈值明显低多了。

　　当妈妈的（有些是爸爸·天生就爱唠叨，同样一件事情，她

（他）能重复很多遍：催促我们吃饭、穿衣，提醒我们看书学习，让我们整理房间，让我们注意言谈举止……殊不知，我们已经在她张嘴的时候就觉得很不耐烦了。

有的青少年会"奋起反抗"，和父母争个面红耳赤；有的干脆做"逃兵"，惹不起，咱躲得起，关上门或者逃出家门，能躲一时是一时。

父母是一种奇怪的动物，他们急着让我们长大，却又一直当我们是小孩子。

但是其实，唠叨也没有那么可怕。英国艾塞克斯大学的一项针对青少年女生的研究显示，那些啰唆的妈妈教育出来的女生，在她们青少年时期大部分人能远离早孕、辍学等极端行为。这些拥有唠叨妈妈的女孩子上大学的概率也比较高，毕业后在职场上的发展也相对顺利和成功。

所以，唠叨的父母并不可怕，要看青少年以怎样的心态面对父母的唠叨，用什么样的方法解决和父母的矛盾。

我们分析一下，为什么会觉得父母的唠叨很让人心烦？教育机构的调查显示，大部分青少年觉得父母的唠叨很烦人，是因为在父母唠叨的时候，青少年会觉得父母讨厌自己。孩子无论做什么都得不到父母的认可和信任，总是被认为能力不足。

姑且不论唠叨的爸妈到底能不能教出成功的孩子，但有一件事情是真切发生的：父母的唠叨确实影响了亲子关系，让父母和孩子坠入"相爱相杀"的尴尬境地。

那么父母为什么会唠叨呢？从形式上看，唠叨是因为一方发出了信号而对方没有回应，信号发起人为了避免过早结束双方之间的联结，而不得已采取的方法。

但凡唠叨，出发点都是好的，唠叨其实是爱的另一种语言，青少年要读懂这种语言。所以青少年应对父母的唠叨，最有效的办法就是在他们发出第一次信号的时候就予以回应。也就是说，以实际行动让父母知道我们已经长大了，我们是值得被信任的。

随着成长，青少年自我意只迅速发展，独立意识也越来越强，所以对来自父母的忠告和叮咛，都看作"束缚"。青少年迫切地想证明自己已经长大，所以就和父母对着干。父母说东，他们就说西；父母说冷，他们就一定说热。父母越是让他们做某事，他们越是不去做，仿佛只要不听从父母的，就能证明自己是个大人一样。而其实，逆反是最糟糕的回应方式。它不仅让亲子关系越来越糟糕，还会蒙蔽青少年的双眼，让他们看不到自己的缺陷。

你仔细回想一下，是不是爸爸妈妈的那些唠叨其实大部分被现实证明是正确的？别为了逆反而逆反，那并不酷。

用一个本子，把父母每天唠叨得最多的事情记下来，然后你一一和自己的行为比对，看看哪些是爸爸妈妈"无中生有"的担忧，哪些是真的没有做好。

对父母的要求，哪些是合理的，你能做到？哪些是不合理的？父母都想让孩子"听话"，父母的某些要求对你来说不合理吗？他们想要的某种"听话"对你来说并没有益处吗？

我们要充分利用情商的同理心，试想一下如果我们是父母，面对这些问题时，我们会怎么做？我们有没有不唠叨又有效的方法呢？

当开始理解父母的唠叨后，一切就会变得从容，因为我们有了良好的心态面对父母的唠叨，把反思告诉爸爸妈妈，让他们也理解我们的想法。告诉他们我们知道自己的缺点和不足之处，自己会努力改正，请他们监督。当他们看到那一条条重复的唠叨后，一定也会警醒：原来自己已经说过那么多次了！

当我们改正毛病以后，他们自然不会再唠叨了，但当我们发现他们唠叨的次数变多了，只能说明我们做得不够好。

当双方交流不畅的时候，误会和矛盾就会产生。如果不及时解决，父母和孩子的关系势必会受到影响。父母会产生"孩子怎么越来越不听话了""这孩子简直没法教了"等负面想法。

当我们和父母争吵的时候，不要采取极端的方式。要知道对一件事情每个人都有不同的看法，很多时候并不存在对错。如果你觉得自己有道理，那么就说服父母，同时要平静下来，听听父母的看法，看看父母是不是真像我们所认为的那样"思想保守""观念老土""跟不上时代"。

那种一声不吭、继续我行我素或者非要和父母争论出个子丑寅卯、大喊大叫的行为，都是不可取、不明智的。

冷静陈述你的观点和意见，就算父母不同意，他们也会觉得很欣慰，因为你给了他们一个了解你真实想法的机会。一个能冷静表达自己意见的孩子，一定是一个高情商的人。父母会因为你的成熟感到欣慰，也许看问题的角度会发生改变，说不定他们会因此改变想法而接受你的观点。

如果你们最终还是不能说服彼此，那么不如交给时间，让大家各自冷静一段时间，然后再开始解决问题。

走近彼此，才能真的理解对方。逃避从来不是解决问题的方法，我们要耐心聆听父母的意见，而不是把矛盾升级。一个健康的家庭离不开健康地交流，只有知道彼此的想法，求同存异，父母和子女才能更和睦地相处下去。

无形的攀比：
同辈间谈什么最伤感情

　　妈妈发现小乐最近上学总是提不起精神。这一天小乐甚至说身体不舒服，早上连床都不愿意起了。

　　妈妈以为小乐生病了，拿着体温计给她量体温，小乐却一脸不乐意地用被子盖住了头，连话都不想说。

　　妈妈还是执意给小乐量了体温，可是体温正常，小乐一点儿也不像生病的样子，倒是心事重重的。

　　妈妈和声细语地劝了半天，小乐才吞吞吐吐地说起事情的原委。原来小乐的好朋友林珣的爸爸给林珣买了最新款的苹果手机，林珣最近总是带着手机到学校去，班里已经有好多同学有苹果手机了。

　　可小乐用的是爸爸以前的旧手机，样子破、版本老，好多App都用不了。林珣的爸爸和小乐的爸爸以前是同事，可是自从林珣的爸爸辞职去做生意以后，林珣有了好多时尚的东西，小乐却什么都没有。每当看到他们在学校里互相交流使用手机的心得，小乐总是嫉妒得发狂，越来越不想和别人在一起玩了，也越来越不想去上学了。

妈妈听了之后语重心长地说："不要羡慕别人有的东西，你要看到自己拥有的东西更多。虽然林珣家里有钱，可是她的爸爸妈妈整天在外面做生意，一年见不到几次面。而你的爸爸妈妈可以每天在家里陪着你。"

小乐听了妈妈的话，非但没有觉得宽慰，反而觉得生气，坐起来哭着说："你们现在让我不要跟人家比，你们自己比的时候怎么不说？是谁整天在我耳边说谁家的孩子得了数学竞赛第一名？是谁说谁家的孩子考试总是名列前茅？是谁说谁家的孩子聪明又懂事？说我什么都比不过人家的孩子！为什么你们可以拿我和别的孩子比，我就不能拿你们和别人家的爸妈比呢？我宁可爸妈在外面做生意，赚更多的钱，也不要你们整天跟在我身边拿我和别人家的孩子比来比去！"

妈妈听了这话之后很难受，没想到自己平时和别人家孩子的攀比，会让小乐产生这么多怨气。更让她心凉的是，原来孩子宁可要钱也不愿意每天和父母在一起。可是她也是好意啊，想让小乐在和别人的比较里得到激励，更加发奋地学习。可是原本的好意，怎么变成这样的结果了？

小乐的这种想法，就是现代社会常见的攀比心理。

在心理学中，攀比被界定为中性略偏阴性的心理特征，也就是个体发现自身与参照人有偏差时产生负面情绪的心理过程。

攀比被分为正性攀比和负性攀比。正性攀比就是那些能带来积极意义的比较，是人们在理性意识的带动下，发挥自我能动性，产生竞争意识，并催生追求更高成就的动力。

而负性攀比，也就是我们今天所谓的"攀比心理"，是消极的比较，通俗地说，就是指人们在物质需求上，总是跟别人比较，看到别人有什么，就想比别人的更好。这种攀比说到底是人的虚荣心在作怪。无论男女老少，无论贫穷还是富有，人多多少少会有虚荣心。有人把自尊心等同于虚荣心，但是虚荣心是一种扭曲的自尊心，是一种负面的心理状态。

法国哲学家柏格森（Henri Bergson）曾经说过："虚荣心很难说是一种恶行，然而一切恶行都围绕虚荣心而生，都不过是满足虚荣心的手段。"

社交媒体发达，大家都把生活里最美好的一面展示给别人，而绝口不提不如意。所以你会发现朋友圈里人家的孩子今天得了这个奖，明天得了那个奖；朋友圈里的朋友，今天在地中海，明天在东京，后天又在迪拜；今天这个朋友买了新房，明天那个朋友买了辆豪车；原来又胖又丑的朋友，突然开始整天晒美照……而你想拥有的最新款的手机，最时尚的衣服、鞋子、手提包，似乎除了你，别人都已经有了……

可以说，社交媒体打乱了人们正常平和的心态，使无数人开始焦虑。什么东西都被拿出来晒，什么东西都被拿出来比，老公、孩子、职位、车子、房子、吃穿用度，但凡你想到的东西都能用来攀比，不分年龄、不分男女、不分受教育程度。

整个社会的风气就是如此，校园也无法逃开攀比。一些人比得过别人就沾沾自喜，比不过别人就心生怨恨不满，灰心丧气。有句话很有意思："一个乞丐不会羡慕一个百万富翁，但是他会在乎旁边结交的另外一个乞丐为什么比他赚得多。"

试着想一下，你肯定不会去妒忌马云富可敌国，到全世界去演讲、旅游，但是如果亲戚家的孩子或者同学去欧洲旅游了，你心里会挺不是滋味的：他学习没我好，他的爸妈还肯花钱带他出国旅游，我那么听话，为什么暑假要在家里做题，爸爸妈妈哪里都不带我去？

人们总是喜欢在心里拿自己和别人做比较，特别是身边的人，同学、朋友、亲戚等，都是我们攀比的对象。当这些人拥有某件东西时，自己就也想拥有，并且要比对方的更好。是的，比尔·盖茨就算有一百辆玛莎拉蒂也不关我们的事情，但是朋友家新买了宝马7系就会让我们妒忌得发狂。

　　不管是父母还是孩子，我们从小就被灌输"不蒸馒头争口气""水往低处流，人往高处走""人要脸，树要皮"等思想。其实这些最初的意愿是好的，是为了激励人有更高的追求，但是渐渐地，这些良好的意愿都被扭曲了，取而代之变成了：人要活得比别人好、比别人钱多、比别人有地位，这才是有尊严，才是一个成功的人。仿佛人生的价值就体现在攀比里。因此人们越来越看重"面子"，导致攀比之风盛行。

　　人们也把最初的理想给忘了，不记得人生不断努力是为了成为更好的自己，而不是为了更有面子，把别人比下去。

负性攀比没有输赢，无论怎样都是失败的。大多数人觉得只有比不上别人的时候才会不开心，实际上就算比对方有优势，你心里还是会焦虑。因为一旦开始攀比，比不过你的人，你都不屑再比；你愿意去比的人，大多是强过你的。所以，攀比是无止境的，无论输赢，你都得不到快乐。

负性攀比会让人生的天平失衡，你在不断修正人生的目标中，渐渐偏离最初想要的东西。你只知道要拥有比别人更好的东西，不管这些东西是怎么来的。你最终会成为虚荣心的奴隶，被虚荣心驱赶着做自己不愿意做的事情，甚至是违法的事情。

我们通常所说的"攀比"指的就是负性攀比。正性攀比、负性攀比只是一字之差，却对人生有着截然不同的影响。青少年要懂得好好利用正性攀比，把自己从负性攀比中解救出来。

当你羡慕别人拥有的东西时，就开始行动，为自己的人生设定好目标，然后向着这个目标努力。就算这个东西不是你现在能拥有的，但是只要你真正把羡慕、妒忌变成向上的动力，那么就算你最终没有得到这个东西，你也已经变成更好的自己了！

青少年没有必要带着尺子和别人交往，不要在心里拿着尺子和别人量长短。我们总是试图以更好的形象示人，所以难免有人爱夸大其词。如果你的内心没有判断，很有可能被对方夸张的话语左右。如果有人总是在你面前炫耀，不要上钩，对方只是为了引爆你的羡慕。这样的人不会是真正的朋友，不交往也罢。

如果对方说的话是真的，但也是不断炫耀，那他只是为了博得更多的关注，希望你就着话题继续深聊下去，让他获得更多的自我满足感。如果这种交谈让你感到不舒服，那么就说"恭喜你了""真的吗？你太棒了"然后结束对话，掐灭心里滋生的攀比念头。

克服负性攀比的第一步就是意识到自己正在妒忌。当你发现别

215

人有强过你的地方，你忍不住要开始和自己对比时，一定要及时停止。然后告诉自己，这种是低情商的心理：攀比会让你心理失衡，可能导致你失去友谊，你的幸福感会在攀比里越来越低。攀比会侵占你的时间、精力、金钱、思想。如果不能处处压过别人，你就会在攀比里变得闷闷不乐，继而你会丧失生活、学习的动力。这会给你的人生带来严重的负面影响。

要有全面的思维方式。我们要意识到，自己所看到的东西都是片面的。别人拥有的东西很美好，但你只是看到了美好的一面，而看不到背后的故事。没有谁的生活是完美的，别人拥有的东西也许是你没有的，而你也可能正拥有对方想要的东西。你看不到别人的缺点，看不到别人生活里焦头烂额的一面——毕竟，谁都不愿意把这些负面人生展示给别人。

青少年要有自我认识，看到自己的长处，知道自己的缺点，有自己的判断。不要用别人定义的成功衡量自己。你要有独立的思想，用自己的标准定义成功。记住，别人的"成功"，不会影响你。关注自我的天赋和资源，把精力投入到那些能让你变得更好的地方去，那么攀比心理自然就消失了。

每个人都有属于自己的世界、属于自己的人生，也都处于不同的人生阶段。生活没有固定的格式，每个人快乐的方式也不一样。做好自己，珍惜已经拥有的，为没有的东西努力打拼，这才是最智慧的生活哲理。

第八章

成长的烦恼
——菜鸟，不大不小的成人世界

　　勇敢不是匹夫之勇，而是我们明知道会发生什么事情还是愿意面对，是我们看清了自己的恐惧仍然昂首前行。

友谊的真谛：
注重朋友的"含金量"

我们总说人不能没有朋友，可是什么是朋友？

你可能会说："交心的，懂自己的就是朋友。"有的人会说："能依赖的，有什么事情他会帮助我，不让我感到孤单的就是朋友。"有的人会说：'志同道合的，有相同兴趣爱好的就是朋友。"……

好像每个人都有属于自己的定义，你很难把一个人的交友原则套到另一个人身上。也许一个人眼中的朋友，到了另一个人眼里就被划分到绝对要绝交的那一类人里去了。但是无论怎样，我们不得不承认，一个人对朋友的定义，体现了他为人处世的准则和个人的三观。

汉字中的"友"是从甲骨文演变来的，在甲骨文里，"友"是两手相握，表示互帮互助，引申意义就是友情、友谊。

友情是人类之间或动物之间的情谊，是一种亲切的情义和交情。存在友情的两人，就称为朋友。心理学家认为，完整的人生是由人际关系带来三种基本感情，它们分别是亲情、友情、爱情。友情是人生中不可或缺的一部分。

有的人对朋友的定义很宽松，随便什么人都能做朋友；有的人交友则非常谨慎，只有经过长期考察、深思熟虑以后，觉得对方各个方面都符合自己的价值观，才和对方成为朋友。

如何定义朋友没什么好坏之分，不过就是人的风格不同罢了。友谊不是一种交换关系，却要建立在互惠的基础上，这也是友谊能维持下去的动力。一旦只有一方付出，而另一方不懂回报，这种关系就会变得十分脆弱。也就是说，如果一个朋友只知道享受别人带给他的好处而根本不知道付出，那么可以将这个朋友定义为没有任何含金量的朋友。

什么才是有含金量的朋友？并不是说对方一定要有雄厚的经济基础，或者是学霸，能解决你学习上的难题。

有一句很戳心的话说："自己没有价值，交再多的朋友也没用！"是的，如果自身没有价值，也很难结交到对自己有价值的朋友。我们寻找朋友的时候，都会判断对方是不是属于自己的那一个"圈"里的，比如是不是志同道合、是不是好相处、是不是有共同爱好、能为自己的小团体带来什么，然后再决定是不是要和他进行交往。

如果你发现对方有价值，比如他性格好，很会和人相处，在别人失落的时候懂得安慰人，或者这个人总是有新鲜的想法，能带给朋友新鲜的体验等，这些都是一个人的价值。有了价值，才能有深入合作、互相帮助的可能性，否则，一方一味地依赖另一方或者索取帮助，这种友谊是很难存续下去的。

不提高自己的价值，把所有希望都寄托在朋友身上，认为这才是朋友存在的意义，这种本末倒置的做法，会让你离朋友越来越远，自己越来越孤单。

当你手里有一个苹果，我手里也有一个苹果时，我们彼此交换，大家不过是只有一个苹果而已。但如果你手里有一根鱼竿，我手里有鱼钩和鱼饵，那么两个人就能钓到很多鱼而不至于饿肚子。当你有一个思想，我有一个思想，彼此交流探讨之后，就拥有了两种思想，开阔了彼此的眼界和思维。

一个真正的朋友，会永远是你的啦啦队。不管在你遇到怎样的挫折和困难的时候，他都会坚定地站在你身后，给你鼓励。一件快乐的事情，因为有了朋友的分享会变成双份的快乐；一件难过的事情因为有朋友倾诉，就能立刻消失一半。

我们注重朋友的含金量，不是要挖掘对方的"可利用价值"，那样就太功利了，也不会得到真正的友谊，只是利益的驱使。朋友是互惠互利的，这是人际交往里的一个基本原则。我们在"利用"别人的同时，也在被别人"利用"。

但是这种"利用"并不是为了达成某种目的，而是发自内心的一种行为。朋友间的友谊是一种交互式的情谊，比如互相帮助、精神上信任和依赖对方，或许能在对方身上得到力量上的帮助，或者能在对方身上得到精神上的支持，或者能在对方身上得到别处得不到的理解。

晋朝傅玄《太子少傅箴》里写道："近朱者赤，近墨者黑。声和则响清，形正则影直。"比喻接近好人可以使人变好，接近坏人可以使人变坏，客观环境对人有很大影响。因此我们对交友应该抱有谨慎的态度。

值得我们交的朋友有这样几种品格：善良正直、诚实可靠、见多识广、知识渊博、爱帮助别人。不是说必须拥有全部品格你才和他交朋友，而是只要拥有其中的某一项或者某几项品格，那么他就是一个值得交的朋友。这些都是有"含金量"的朋友，能为我们带来有益的交往，我们也会因为受到良好的影响而往好的方向发展。

第八章 成长的烦恼——校园，不大不小的成人世界青少年要知道，酒肉朋友不是真的朋友。这些人平常和人交往只在乎好不好玩，和朋友在一起的时候也就是打打闹闹，一起吃吃饭、泡泡吧，似乎跟谁都玩得开，但是这种朋友并没有走心，只是流于表面的。他跟这个人可以玩，换成别人也没差别，见面很热情，可是就算长时间不联系也没什么感觉。你们能聊的仅仅就是吃喝玩乐，无法进行更深层次地交流。

真正的朋友就算你们在一起一时间无话可说，也不会感到尴尬，不会觉得时间难熬，而是气氛依旧很融洽。

有害的朋友也要远离，这些"朋友"虚伪、妒忌心强，当面一套背后一套。他们表面上好像和你很要好，不断鼓励你去做冒险的事情，却不会为你考虑后果，只是想跟着看热闹。当你犯错的时候，他不会为你指出来；当你遇到困难的时候，他会找借口跑开；当他需要你帮助的时候，又来和你套近乎；当你需要别人的鼓励做一件重要的事情的时候，他故意泼冷水，变成你的障碍，想让你和

情商：一本给孩子的人生格局书

他一样不求上进……

更有些"朋友"，也就是我们所谓的狐朋狗友，不满足平淡的生活，就不断寻找感官刺激，比如没日没夜地打游戏、赌博或者飙车，这些行为大多会越来越偏离正常的轨道，最终触犯法律。而一个有精神追求的人，是会自动远离这些人的，这些"朋友"，除了会拽着你一起堕落，不会为你带来任何价值，是必须远离的。

正处于青春期的我们，渴望友谊，渴望朋友，渴望有人分享我们的秘密、快乐、忧伤。良好的朋友关系会让我们的心灵得到慰藉、获得安全感，可以让我们在和朋友交往的过程中培养责任心和团队合作能力。

但是在我们选择朋友的时候一定要注意朋友的品行，如果交到了坏朋友，青少年不仅没有得到真正的友谊，还有可能会受到伤害，甚至误入歧途。

著名作家亦舒的小说《流金岁月》里写道："我成功，她不嫉妒，我萎靡，她不轻视，人生得一知己足矣。"这就是健康的友谊。

真正的朋友，能陪你一起共度美好的时光，能一起创造属于你们自己的乐趣，能一起笑一起哭，在人生里真诚享受彼此的陪伴。

猫鼠游戏：
错位的师生关系

韩愈的《师说》里写道："古之学者必有师。师者，所以传道授业解惑也。"古代求学的人一定有老师。老师，是传授道理、教授学业、解答疑难问题的人。

从幼儿园开始，老师就是除了父母之外和我们相处时间最多的人，也是传授给我们知识的人，可以说，老师是父母之外对我们的人生影响最大、最深的人。一位良师将令人终身受益。

如果你问学生，什么样的人才是你心目中的好老师？答案基本惊人一致：温柔、漂亮（对，颜值也很重要）、知识渊博、成熟、幽默、胸怀宽广、对学生一视同仁、是学生的知心朋友，我们伤心的时候能安慰我们，我们有困难的时候能帮助我们，有不严格却又有效率的教学方法……

而现实生活中又是怎样的呢？老师抱怨学生难教，学生抱怨老师严厉、不理解人。

我们从小就被教育要尊重师长，对老师都有着既尊敬又害怕的心理。

在年级比较低的学生时期，我们会认为老师是绝对的权威，对老师的话会百分百服从和认可。当走入青春期的时候，我们的各方面都开始成熟，对外界的判断也渐渐添加了自己的想法，思想开始独立、成熟。

因为对外界总抱着怀疑的态度，所以对我们日常时间接触最多的权威——老师，我们也在潜意识里想要挑战。但是大部分的青少年并不想和老师发生冲突，因为知道发生冲突总是对自己不利。因此即使在被老师误解的情况下，大多数青少年也会选择用理智控制自己，不会计较。但自我意识的觉醒，让一部分青少年在面对误解和委屈的情况下，并不愿意选择沉默，而是要和老师据理力争，这样就和老师产生了冲突。

不可否认，不是所有老师都是有耐心和爱心的，他们在和学生交流的过程中，也不一定能理性对待每一个学生并顾及学生的心理感受，因此说话、办事的方式会让这些学生感到不舒服。

在和老师交涉的时候，青少年因为心智并没有完全成熟，无法像成人一样全面思考，也无法控制住自己的情绪，因此在表达意见的时候容易情绪化。

当我们和老师发生冲突的时候，要学会分析，究竟是什么引发了两人的冲突。

一般最常见的冲突是由误解产生的。当被误会、冤枉的时候，我们急于辩解，想要立刻告诉对方这件事情的真实原因。

但是很多时候，老师不一定有心情去接受你的解释，这样就导致双方的误会越来越深。

老师因为一直拥有百分百的权威，在学校的时间也是他们最繁忙的时候，他们没有耐心去倾听学生的解释，或者下意识地想要维护自己作为师长的权威时，就会显示出学生无法接受的坚决态度。

有的时候，老师觉得自己的判断没有错误，学生确实也存在某些问题，老师对待学生的解释就会显示出不屑，认为他们非但没认识到自己的错误，反而急于撇清问题，是在"狡辩"，态度不端正，所以老师的态度会变得更决绝，想要以此来迅速解决问题。这种情况下，一旦学生无法控制情绪，那么就很容易导致师生发生冲突。

　　老师因为工作繁重，加上一直处于权威地位，对已经开始有自我意识的学生有时候会疏忽。老师认为他们还是那些老师说一、他们不会说二的低年级学生，却忽略了，眼前的孩子早已经是半个大人了。

　　老师在面对学生的错误时，往往也会有焦虑，想要学生立刻认识到自己的错误，怕他们误入歧途，因此在言行里会自然流露出"恨铁不成钢"的激烈情绪，希望学生知耻而后勇。

　　然而在学生看来，老师对那些学习好的孩子就态度很好，温和又有耐心，但是对学习普通甚至表现一般的孩子态度就不怎么样了。他们就会产生"老师偏心"的想法，因此对老师在潜意识里就有了不满，一旦遇到冲突，这种平时积累的不满就会爆发。

　　实际情况却是，平时学习好的学生大多比较自觉自律，老师也比较省心，所以老师对他们带着天然的好感，而对让老师焦头烂额的孩子，老师自然而然会丧失耐心，在遇到事情的时候也会先入为主，习惯性地认为是他们的问题。

　　正值青春期的孩子往往很敏感，自尊心强，开始有自己对世界的看法，有自己的判断，渴望得到认同。就算他们的观点不成熟，就算真的是自己做错了，他们也会希望对方能以一种温和的方式指出来，希望自尊心得到维护。因此学生膨胀而敏感的自尊心碰到了老师恨铁不成钢的激烈情绪，很容易发生矛盾和冲突。

　　在有些情况下，学生对老师教授的知识，或者对老师的管理决策有所质疑。青春期的孩子思维发展迅速，有着更多的探求欲望，对曾经的权威开始有了质疑，因此才会产生师生冲突。

可是不管冲突是怎样发生的，我们首先要明白，老师和学生并不是敌对关系。虽然早就不是封建社会那种"一日为师终身为父"的关系，但也不是猫和老鼠的关系。

理想中的老师除了传授知识，还可以为学生提供生活上的指引，亦师亦友，像古代苏格拉底和孔子那样的老师，是可遇而不可求的。对大多数的老师来说，教师，更多情况下是一种职业，是他们的工作。作为教师，教给学生文化知识，鞭策学生好好学习天天向上，是他们的职责。

但人非圣贤孰能无过，在工作里出错是很正常的，老师再伟大，终究不是神，而是一个平凡的人。和所有的人一样，老师有繁忙的教学任务、压力极大的成绩指标，也有家庭或者个人的烦恼。他们每天面对几十个孩子，每个孩子都不一样，有的调皮、有的听话、有的学习上不让他们操心。想要老师既兼顾孩子的学习又能完全理解每个孩子的心理动向，这是不现实的。即使是那种教学经验丰富、认真负责的老师，工作里也难免会有失误。

有了这个前提认识，青少年就能以更好的心态对待师生关系。

无论是怎样的冲突，即便是几句言语冲突，也会给双方带来很大的影响。不仅影响老师的工作效率，也会给学生带来巨大的心理压力，甚至会影响他们的生活。

在和老师进行沟通的时候，青少年一定要注意，解决问题是目的，冲突不是目的。想要完美地解决问题，首先要控制情绪。在大家情绪平静的情况下才有沟通成功的希望。

青少年在面对老师的错误、充分自我认知的情况下，对老师多一些同理心，那么师生的关系会变得更加融洽。在尊重老师劳动的前提下，汲取老师正确的部分，谅解老师的失误。就算是必须指正的错误，也要讲究方法，分场合。不要言语不恭地顶撞老师，那样是不能解决任何问题的。

其实向老师提意见，也是协助老师的工作。一个人犯了错如果没有人指出，那么他下一次就会接着犯错。不要觉得提意见老师会不高兴，只要注意好方法、措辞，那些本着为集体、为大家负责的态度和主张，就算意见不同老师也会思考反省的。

作为学生，要保有起码的礼貌。不管怎么说，老师是长辈。对长辈，我们都必须给他们起码的尊重。不能一时冲动只顾及自尊心，要知道老师也是有自尊心和面子的。

领导力：
一个风云人物的诞生

　　一个有领导力的人就好像是一块磁石，向外辐射着积极乐观的情绪，也会把别人吸引过来，紧紧围绕在他身边。

　　通用电气前首席执行官杰克·韦尔奇（Jack Welch）说过："一头狮子带领一群绵羊，可以打败一只绵羊带领的一群狮子。"足见一个领导者对团队的决定性作用。

　　你是不是在同学里发现了这样的人：他不一定是学习最好的那个，也不一定是身体最强壮的那个，但他一定是最有魅力的那个。

　　在他身上你能感受到积极向上的心态，他自信、亲切、坦率又真诚；他遇事冷静、能理解他人、懂得思考，勇敢而沉着；他不墨守成规，善于思考问题、解决问题，不断向困难挑战；他心怀梦想，和周围人相处良好，并能以自身的力量激励他人、鼓励他人；他永远保持着好奇心，拥有不断学习的能力和动力；他不怕失败，反而越挫越勇；他信念坚定，却又能听进别人的意见，懂得变通，愿意接受他人的批评。

他身边总是自动围绕着很多人，这种人在未登顶前就有了一览众山小的气质，这种气质也就是我们常说的领袖气质。

其实你已经发现了，这些领袖气质，完全符合高情商的定义。其实培养领袖气质和提升情商是同一条道路：认识自我、控制自我情绪、不断挖掘开发自我潜力。

根据心理学家的理论，孩子可以分为有明显领袖天赋和没有明显领袖天赋两种。一般来说，有的孩子非常有主见，主意往往也不错，他们似乎很懂得如何给别人分配任务，在指挥别人的时候也不会令其他人感到不舒服，这就是一种天赋。当然这种"天赋"与性格、家庭、经历、教育密不可分，但不是说有了天赋就有了领导力。

有些孩子喜欢指挥别人做这个做那个，有这个兴趣和勇气，情商却有点儿跟不上。他们的指挥方式太过生硬，加上人际关系不够出色，因此就会变成别人不喜欢的爱指手画脚的人。

而有的人自身有着很强的能力，但是为人低调，不喜欢指挥别人。如果没有老师或者家长的鼓励和任务的分配，他们往往会一直保持沉默。他们大多性格温和，不喜欢用强势的语气和人说话，人缘很好，可是没有机会展现领导力。

这两类人就是最有领导力潜力的，如果给予他们锻炼的机会，或者有意识地对他们进行训练，他们就能拥有强大的领导力。

领袖天赋不明显的一类青少年，一般比较害羞，不敢表达自己的意见，组织能力低下，人际关系也比较差，无论是口头能力还是动手能力都不太出色，关键是没有足够的自信心。

有天赋的人不见得就有领导力，没有天赋的人不见得以后也无法拥有领导力。其实无论是否天生就具有领导天赋，这些领导能力都是可以经过后天刻意训练而获得的。因此青少年要懂得认识自我，进而才能针对自身的情况进行训练。

培养组织能力，这种能力不仅仅是组织人，从小处的练习也能锻炼这种能力。比如小到东西放在哪里、如何摆放东西才能增加效率；做事情有目标，知道什么是大目标，什么是每一步的小目标，对每件事情的进程都能做到心里有数。

领导力，讲的是领导的艺术。那被领导的是谁？当然就是人。可是大家是差不多的年纪，为什么我要被你领导？才能出众固然是领导力的重要元素，但是才能并不是决定性因素。

1992年美国总统选举时，在一场克林顿（William Jefferson Clinton）与老布什（George Herbert Walker Bush）的辩论会上，一位中年黑人妇女向两位候选人提问："我是一个失业的单身妈妈，没有工作，没有钱，但是我还有一堆孩子要抚养。你们当上总统后，怎么来帮助像我们这样的人？"

老布什向这位单身妈妈阐述了他的政见，如果他当上了总统，会增加工作机会，增加福利。而轮到克林顿时，他却从辩论台上走下来，走到了那位单身妈妈面前，手抚在自己的胸口，对她说的第一句话是："我能体会你的痛苦。"

那位单身妈妈顿时被感动得眼泪直流，现场和电视机前的观众也都被克林顿打动了。

我们先不去讨论克林顿是不是为了赢得大选而在作秀，但是他如此自然地表达了他的同理心，让选民感到他是个能体会民间疾苦的人，而老布什显然就是高高在上的感觉。克林顿显示出的高情商让他赢得了大选。

领导力并不一定就是做"头头儿"，也不一定是表现自己，而是因为他能让人感受到被理解、被尊重，这样的人总是能和别人进行良好的沟通。

领导力就是如何看待问题、如何分析问题、如何解决问题和如何做决定的艺术。有些人也许孤身一人，没有手下、没有随从，但是只要有机会和他相处，你就能感觉到他未来将会对一群人产生影响，他的个人魅力、言行、信仰能够引起一群人的共鸣，让其他人心甘情愿地追随左右，这就是领导力。

一个有领导力的人，通常善于抓住事物的本质，掌握事物发展的方向，能够做到人尽其才，物尽其用，保证效率的最大化。

林肯小的时候，到学校后才第一次有机会和别的同龄孩子相处。他其貌不扬，总是戴着皮帽，由于个子很高，鹿皮裤也短了一截。他的同学回忆他时说："他的腿总是有一部分露在外面，足有六英寸长，瘦骨嶙峋的样子。"

但是这些丝毫没有影响林肯，他能说会道，讲的故事同学都爱听，写的诗同学都爱读，在同学眼里，林肯就是个天才。他一声令下就能把同学召集在一起，为人随和，和同学打成一片。但是他做事情又很有规划，加上他的话语总是很动人，他几乎一进学校就成了领袖人物。

才能不是决定性因素，但是学习是领导力的源泉。现代社会科技日新月异，知识更迭迅速，如果一个人不具备良好的学习能力，那么就会如逆水行舟，不进则退。没有一颗学习的心、没有强有力的学习能力，一个人的人缘再好，也无法领导别人。因为知识需要融会贯通，事情纷繁复杂，需要大量的知识积累抽丝剥茧，找到事物的本质。很多成功的人，哪怕已经成了领导，仍旧保持着不断学习的习惯。

青少年要培养领导力，就要学会建立自信心。一个自信的人神态里自然而然会表现出威严和干练，让旁边的人对他产生信任。青少年首先要对自己有充分的信心，才能让别人对你产生信心，也才能赢得他人的支持和追随。

对世界保持着好奇心，会增强你的观察力。因为领导力最终要领导的是人，如果你没有一颗对别人的好奇心，就无法了解别人，更无法观察其他人的特长和短处。一个懂得领导的人，知道如何将人放在正确的位置上，正确地给团队分配任务、团结组织，才能最大程度地发挥团体效力。这也是一个领导的用处。

一个有领导力的人总是追求进步。他们对进步的追求永不停止，相信进步了还可以再进步。

美国社会学家、心理学家罗纳德·里亚戈（Ronald Riago）曾说："魅力并不是一个人天生拥有的东西，既不是遗传也不是先天赋予的素质，而是后天培养起来的，尤其重要的是，我们每一个人都有形成自己的独特魅力的潜质。"

有领导力的人往往有个人魅力，个人魅力并不是单靠外表，更重要的是展示出你的思想、抱负。

他们总是能镇定自若地处理各种突发事件，懂得展示自己的魅力却不卖弄，谦虚却不懦弱。个人魅力强的人，容易吸引和影响周围的人。

西方有句谚语："你可以先装扮成'那个样子'，直到你变成'那个样子'。""装扮成'那个样子'"，就是塑造外表，而"变成'那个样子'"则是塑造思想和内心，这两者缺一不可。

青少年现在就要开始注重自我修炼，让领导的魅力能自内而外地散发出来。当你塑造了一个领导的形象时，你就能成为一个领袖。

第九章

分数不代表一切

——然而你的学习观念代表一切

你自以为的极限，其实只是你的起点。别让昨天的单薄，夺取未来的厚度。

没有人是
严格意义上的差生

　　作为学生，最难过的事情大概就是考试成绩不好了吧。当然了，考试成绩不好，不管你是怎样好的人，别人都没办法透过成绩看到你的灵魂，好像在成绩面前，什么都不重要。

　　但是我们也发现了，人的一生充满了变数，人最终的成就并不是和当初在学校时的成绩成正比的，也不是说当初排名第一的学生未来就是人生赢家，当初学习最差的学生就会一生都在社会的底层。

　　诺贝尔文学奖获得者莫言，小学五年级的时候辍学了，在农村劳动长达十年之久。然而因为热爱文学，他从来没放弃过读书和写作。后来他加入了中国人民解放军，历任班长、图书管理员、教员、干事等职，利用一切可以利用的条件努力读书、坚持创作，终于获得了文学上的成就。但是他仍旧没有满足自己眼前的成就，三十多岁的时候，莫言又进入了解放军文学院学习，四十多岁时获得了鲁迅文学院的文学硕士学位。

有太多例子告诉我们，只要你立下了目标并为之努力学习，人生仍会充满希望！

虽然莫言在五年级时就辍学了，但是他从来没有停止过学习。那么学习的意义是什么？很多青少年，甚至是家长也许没有仔细思考过这个问题。在大多数人看来，学习的意义就等同于考试。如果考试是为了取得好成绩，那么学习的意义也就等于为了取得好成绩。

好的成绩固然代表了你对知识的掌握程度，但是也仅限于此，并不代表你掌握了全部学习的意义。

2018年5月，朋友圈被一篇名为《奥数冠军的坠落》的文章刷屏了。这篇文章是对曾经的奥数冠军付云皓的专访。

我们看付云皓，他俨然就是"别人家的孩子"的典范：祖父辈是清华大学的职工，爸爸妈妈是中学老师，他从小就显示出了过人的数学天分，清华附中为了争取付云皓来学校读书，甚至不惜为他

改变教育模式。高二的时候付云皓就因为比赛成绩优异，直接被保送进入北京大学。

付云皓被称为奥数天才。是IMO（国际数学奥林匹克竞赛）2002和2003连续两年的满分金牌得主。这个成绩的含金量有多高？放眼看去，在中国数学奥林匹克竞赛国家队三十多年的参赛史上，取得这一成绩的选手只有三个。这样一位奥数天才，那时候被视为国家未来的栋梁，中国数学未来的希望。奥数教育权威朱华伟老师这样评价付云皓："他是中国数学界标志性的人物。"

但是，报道这样写道："这个曾经占领IMO高点、备受期待的奥数天才在接下来的十五年中，意外地在学术界消失了……"

事情到底在哪里发生了变化？

进入北京大学数学科学学院后，付云皓因为醉心在游戏《星际争霸》里而无心学习非数学学科，导致一些课程挂科，重修后也没有通过，所以最后没有获得北京大学的学位证，不得不从北京大学肄业。

付云皓幸运地遇到了时任广州大学计算机教学软件研究所所长的朱华伟老师，朱华伟老师为他争取到了在广州大学攻读"数学教育与数学奥林匹克"硕士学位的机会。毕业后，他进入广州第二师范学院做了一名普通的教师。

这篇文章发表后，一石激起千层浪，引起全国人民的讨论。在风口浪尖上的付云皓也写了回应，并不认同文章里所写的东西。他总结了自己不能从北大毕业的原因，承认了自己曾经年少轻狂，但是他也认为现在的自己是快乐而充实的。他不认为进行基础数学的教学和数学研究有什么矛盾的地方。他并没有放弃学术上的追求，只不过没有达到所谓的"世俗的成功"罢了。

我们如何来定义付云皓？他拥有出色的数学成绩，在其他科目上却一再挂科。他到底是"好学生"还是"差学生"？人生的成败到底用什么来衡量呢？学习的意义到底是每门课都取得最好的成绩，还是为了将来取得辉煌的成就？一个心理健康、能给社会创造价值、不是社会的负担、乐观向上的普通人，就不是一个成功的人吗？

我们一直在学习，可是这些问题没有人教给我们，所以我们只能靠自己在成长的过程里摸索。我们背负着社会主流的成败价值观的包袱蹒跚而行，有时会走弯路，有时会停滞不前。

付云皓写道："没成为人生赢家让你们失望了……曾经'好运气'让我飘在空中，后来的'坏运气'也让我飞流直下，然而现在的我就是稳稳地在平地耕耘。没有所谓的自甘堕落，没有所谓的'伤仲永'，关心我的人，请不要担心，我在以自己的步调努力和这个时代一起前进着。"

成绩代表了一些东西，但是不代表全部东西。我们都希望能得到周围的肯定，所以才将世俗眼里的成功看得那样重，为了考好成绩，我们发奋读书、学习。考好成绩为了什么？为了上一所好大学。但不是上了好大学就能决定你拥有辉煌的人生。

人和人的际遇不同，每个人的长处也不尽相同。有的人擅长音乐，有的人擅长美术，有的人擅长体育……哈佛教授霍华德·加德纳（Howard Gardner）认为，人类学习和表现的方式至少可以分为7个类型：语言、逻辑、数学、空间、音乐、动觉、人际间内心等。它并不像智商测试那样存在一个普遍的智力因素。因此每个人都是在某一个领域天生比较欠缺，而在另一个领域又很有天赋的。

每个人都有他自己的特长。对不同的人来说，他们未来的"成功"是不相同的。你要认识到自己的长处，发掘自己的潜力，别人的"成功故事"或者"血泪教训"并不一定要成为你的人生指南。

俞敏洪在他的一个讲座里这样说自己和马云："我真的非常佩服他，首先佩服他的是他跟我有同样的经历，我考了3年才考上大学，他也是考了3年。我比他还要幸运一点儿，我考上的是北大的本科，马云考上的是杭州师范学院的专科。

"但是，阿里巴巴在去年到美国纽交所上市，市值200亿美金，新东方比阿里巴巴早走了一步，我们在2006年就到美国上市，新东方的市值到今天为止才40亿美金。"

而马云第一次高考时的数学成绩是1分，第二次高考成绩是19分！

成绩只是青少年成长过程里的一个方面的因素，而决定未来的是远见、品格和良好的人际交往能力等。一个简单的分数，并不能预测你未来在事业上是否会成功。不要因为一时的成绩差而妄自菲薄，应该仔细思考自己成绩差的原因，是真的就是智商不行（这种可能性微乎其微）还是因为你没重视学习，或者对某一科更感兴趣而忽略了其他科目？然后进行有的放矢地改正和提高。

一个拥有高情商的人，就算他成绩一般，同样能取得成功。因为他懂得如何独立思考，知道自己想要的生活、自己努力的意义。这样的人才不会活在别人的标准里，你自己的成功，要你自己定义。

变被动为主动：
你才是课堂上的主角

美国教育学家约翰逊（Johnson）说过："听课是学生的天职。"但是一节课45分钟，想要一直保持精神高度集中是很难的事情。走神、开小差，和同桌说话，和邻座传小字条，几乎是上课不专心的孩子的通病。

大多数青少年大概会这样，在假期中信誓旦旦地表示：等到开学以后我就好好学习，上课好好听讲，一定要把成绩提上来！

如果说开学那几天他们还干劲十足，那么过了一两个月后就明显感到"没力气"了。每天上学、放学，45分钟一节课，一节课接着一节课，一天接着一天，好像怎么都过不完，我们开始觉得上学没劲、上课没劲，也不想学习了。因为我们好像突然失去了学习的动力。

当我们开始做一件事情的时候，如果中途发现自己失去动力、缺乏激情，往往就会放弃。这也是很多人半途而废、一事无成的原因。所以，我们很喜欢把不成功的原因推给"缺乏动力"。

动力是什么？它不是幸运女神，会突然对你青睐有加，从天而降正好击中你，让你突然有了干事的力气，让你充满能量，变得效率惊人。动力是因为精神或者物质上的奖励和渴望而自内心产生的一种力量，是驱动我们做事的力量。

当开始觉得上课没有意思的时候，我们就要注意寻找上课的动力了，看看是什么让我们丧失了动力。

听课是在校学生获得知识的最重要的途径，一旦听不懂老师在课堂上教授的新知识点，那么我们一整节课都会感觉坐不下去。等到我们放学回到家里，打开书本才发现好像什么也不懂，作业也不知道该怎么做，于是就会出现这样的场景：

妈妈："今天在学校里都学了什么？"

孩子："不记得了。"

妈妈："这篇课文是讲什么的？"

孩子："不知道。"

妈妈："这个英语单词是什么意思？"

孩子："不知道。"

妈妈："排列组合的公式是什么？"

孩子："老师好像没讲。"

妈妈："那你上课到底在干什么？你到底有没有听课？"

孩子："不知道，不记得了。"

上课效果不理想，会导致你无法得到预想中的好成绩。也就是说，当初下定决心要好好上课的你，以为你认真听课成绩就会提高。而当你发现认真听课后，成绩一点儿也没变化的时候，动力也就会随之消失。如果你听课的效率提高了，那么学习的动力也会回来的。

专心听课和成绩好有很重要的关系，但并不是说你专心听课就

243

会取得好成绩。有研究发现，大部分学习成绩不理想的学生，也是"不会听课"的学生。

可是听课难道还有"会"和"不会"的情况？

很多青少年觉得听课就是带着耳朵来听就可以了。老师站在讲台上滔滔不绝地讲，我们坐在座位上老神在在地听，这难道不是一件天经地义的事情吗？难道还有什么特别的意义吗？

我们都知道老师在课堂上讲的无论是新的知识点，还是复习的重点内容，都是他们多年来的经验总结，是书本上的精华，也是考试的考点。只是这样被动地听，是很难听进老师的讲课内容的，因为谁都没有过目不忘、过耳不忘的本领。

学习就像在盖一座高楼，而高楼的坚固与否，完全依靠地基的支持。地基没打好，就无法承载上面的高楼。而每一层楼都至关重要，一旦一个地方不够牢，那么整栋大楼就会有倒塌的一天。我们每天上课就如同在给知识体系盖楼，每一层都得建立在旧知识的基础之上，然后才能通过学习搭建新的知识。

心理学家发现，当人们听他了解的东西，或者听说过的东西时，对说话的内容就会反应灵敏。过后，这些东西也不容易被遗忘。你越是能主动关注一件事情，这件事情在脑海中的印象就越深刻。也就是说，只要我们有意识地控制课堂上输入的内容，我们的专注力和创造力就容易被激发出来。

我们都有这样的经验，当我们读一本书的时候，也许看完就忘记了。但是当我们带着问题读一本书的时候，就会有意识地去寻找书里的答案。当书看完了以后，我们对书的印象也会更深刻。

我们将这种方法用到听课上，充分调动主动意识，让被动听课变成主动求知，那么听课的成果就会事半功倍。只有主动学习，学习成绩才能显著提高。成绩提高了，你就有了更加努力的动力，形成一个良性循环。

耶鲁大学教学中心的执行董事詹妮弗·弗雷德瑞（Jennifer Frederick）认为："在学生的考试表现和理解能力方面，主动学习比传统讲授更加有效。"

青少年有没有发现，我们对自己喜欢的科目，听课的效果就特别好？因为你的思想高度集中，总是不想错过任何新知识。可是对那些不太喜欢的科目，又遇上讲课枯燥无味的老师，那么让你专注听讲，简直是一件不可能完成的任务。但是如果你不听讲，就不可能获得知识，在这门课上也很难取得好成绩。得不到好成绩，你会更加厌恶这门课，失去学习的动力。这样恶性循环，就会导致你严重偏科。

如果我们在上课前给自己做好充分的心理建设，带着明确的目的和问题听课，就会激活大脑，让我们从厌恶的情绪里抽身出来，使精神集中。我们常说"知己知彼，百战不殆"，又说"不打无准备的仗"，如何做到知己知彼？又怎样准备？其实答案就是两个字：预习。

《礼记·中庸》写道："凡事豫则立，不豫则废。言前定，则不跲；事前定，则不困；行前定，则不疚；道前定，则不穷。"意思是任何事情，事前有准备就可以成功，没有准备就要失败；说话前先有准备，就不会理屈词穷站不住脚；做事前先有准备，就不会遇到困难挫折；行事前计划先有定夺，就不会发生错误后悔的事。

也就是说，事前我们做好充分准备，就会减少中途丧失动力的现象。

在老师讲授新的内容之前，我们应该阅读教材的相关内容，大体了解课本的内容，找到难点，为上课做好准备。这也就是预习。

通过预习，学生不仅可以了解老师的讲课内容，还可以发现自己不懂的问题。学生带着这些问题听课，就会增加求知欲，听课的时候就会有针对性。当老师讲到那些不懂的问题时，大脑就会兴奋，有助于减少上课走神的情况。而当老师在讲授我们已经理解的内容时，同样也可以让那些知识点在脑海里的印象进一步加深。

不预习，老师在课堂上说什么学生就听什么。如果老师不特意强调，那么学生根本不知道哪里是重点，而且遇到难点的机会将大大增加。一旦某个内容听不懂，下面的内容学生就无法跟上，大脑就会停在听不懂的地方，课后作业也变得困难重重，也容易丧失学习的兴趣和动力。

毕竟那些老师一教就会、一说就懂的学生还是很少见的。大部分人会经过由不懂到思考、到理解、到消化掌握这样一个学习过程。预习能给学生带来积极的心态。预习，意味着你走在了前面。

每次上课你不仅解决了书本上的难题，还能对已掌握的知识加深印象，课后作业也能轻松完成，也会考出理想的成绩。这样就有了更多动力，你会更主动地预习新的课程，学习的兴趣也就越来越浓，成绩也会越来越好，形成良性循环。

因为有了课前预习，所以对这堂课老师所要讲的知识有了初步的了解，对老师的板书内容，你也就有了筛选的能力。

很多学生看起来很勤奋，课堂笔记抄写得整齐又漂亮，可是成绩依然不理想。那是因为他们误以为抄板书就是听课的全部内容，只要把板书抄下来了，就等于听好课了。而对老师到底在课堂上说了什么，他们可能根本没有时间听，只是手忙脚乱地忙着抄板书、记笔记。这样的听课效果可想而知。

当我们做好了课前预习的工作时，情况就会变得大不相同。因为带着主动学习的心态，我们心里已经大致了解了知识点，板书就不需要一字不落地抄下来了，只要跟着老师的进度，把重点记下来，其他书上已经写的内容，在书本上做上记号就可以了。这样等到课后我们再去整理笔记，就等于把课堂的内容又复习了一遍，也能逐个排查上课时没有听懂的内容，等于把学到的知识消化吸收，这样做起作业就更得心应手了。

　　青少年不要一味依赖、等待动力降临再去行动。只有我们开始着手做这件事，把被动变成主动，才会发现身体里已经充满了动力。

考试焦虑，
其实只是庸人自扰

　　小亮正在上高三，他的成绩在班级里属于中上，但是在一次摸底考试中小亮的成绩不是很理想。他决定利用剩下的半年时间提高成绩，争取能考上一所重点大学。可是第二次摸底考试的结果出来后，小亮的成绩不升反降。他觉得是自己不够努力，于是把睡觉的时间从7个小时减为5个小时。

　　睡觉的时候，小亮都要戴着耳机听英语。小亮的成绩却停滞不前，一点儿也没有提高。小亮感到很焦虑，不知道是怎么回事，周围的同学好像都在赶超自己。小亮觉得如果再这样下去，他的人生就彻底完了。可越是这样想，他越是感到焦虑。

　　不久之后，小亮特别害怕听到"考试"这两个字。每次考试前，他都会肚子疼，吃不下饭，然后感到心慌气短、手脚出汗。

　　开始的时候爸爸妈妈并没有将这事放在心上，觉得可能是他睡眠时间太少了，只是劝他多吃点儿东西增加营养。可是有一天，小亮突然在学校里晕倒了！

原来那天同桌和他聊天，说起下周会有一个全市统一模考。小亮突然感到心慌，接着就手脚冰冷、四肢无力，然后就昏倒了。

小亮被同学和老师送到了医院，医生检查后诊断为严重的考试焦虑症。

考试焦虑在学生中是常见现象，尤其是青少年。只要你关心考试的结果，在意考试的后果，紧张和焦虑就在所难免。很多人经历过高考以后很多年，甚至晚上做梦还会梦到考试。而且这种梦境往往是自己在考试，马上要交卷了题目还没做完，或者是拿到试卷发现都不会做之类的"噩梦"。

就算是那些"心理素质"特别好的学生，在遇到大型考试比如高考时，也会出现考试焦虑的情况，只不过症状比较轻微，可以自我调整。而有些平时学习很不错的孩子，一到重要考试的时候成绩就不理想，这种就被老师、家长称为"心理素质"不行。其实他们就是因为考试焦虑症比较严重，影响了考场发挥。

考试焦虑常见的现象有考试前睡眠质量很差、失眠多梦；一想到考试就突然心跳加快、呼吸急促。大部分时候会伴有肠胃不适的情况，很多人会觉得没有胃口，或者肚子疼、拉肚子。更严重的反应还有头痛、出虚汗、不停地想上厕所，有的还会产生晕厥等，使得他们无法正常学习和应考。

其实焦虑是人人都会有的精神反应，是对某件事情过度担忧而产生的一种情绪，它是由消极的自我评价或者因为他人的评价而产生的意识体验。

焦虑这种情绪很常见，普通人大多会有短时间的轻微焦虑，如果焦虑的时间持续很长，那么就是属于比较严重的精神类疾病了。

青少年因为首要任务是学习，需要经历无数场大大小小的考试，考试是学生生涯里必不可少的组成部分，甚至可以说是很重要的组成部分。因此对考试的焦虑在青少年中尤为常见。

对青少年来说，我们的处境决定了社会将考试作为衡量一个学生的能力的重要标准。我们在意考试、在意考试成绩，所以对考试过程、答题过程等产生焦虑情绪。我们害怕考砸了，回家不知道如何面对父母、害怕辜负父母的期望，有的则是害怕被同学瞧不起。

我们以为考试成绩的好坏等同于人生的成败，因此我们才会觉得考试是决定人生成败的一场战役。我们面对的"敌人"是如此强大而又重要，很容易因为自信心不足而变得焦虑。人的焦虑情绪一旦形成，就会影响考试时的状态。我们发现好多平时明明记得的知识，突然什么都想不起来了。这样的负面体验会不断重复，因此对考试就会有恐惧感，形成恶性循环。

心理学家认为，在我们要完成某项任务时，一定的紧张状态是有益的，能帮助我们集中注意力，让大脑处于敏感的活跃状态，因为紧张状态下的工作效率高于松弛状态。适当的考试焦虑情绪有助于增加学习时的专注力和能动力，但是凡事过犹不及，一旦过度焦虑则会产生负面效果。

所以，我们要对考试焦虑有科学的态度：首先，它的存在是很自然的，并不是某个同学所特有的，不要持有"出现考试焦虑是有病的表现"这种想法。考试焦虑只是一种心理状态，不是不能克服的世纪难题。只要青少年掌握好自我调节的方法，运用情商调控，就能有效减少考试焦虑情绪，把焦虑情绪控制在合理的范围内。

如果考试焦虑已经开始影响身体和精神，就要引起青少年注意，不要讳疾忌医，要积极寻求家长和医生的帮助。

要想控制考试焦虑，我们还要正确看待考试。考试成绩重要吗？很重要，这关系到你能否进入心仪的中学、梦想的大学，关系到能不能评上三好学生、能不能得到奖学金等。但是考试成绩并不是最终的目标。

考试不是为了把谁难倒，而是为了检验学习成果。我们能在考试中发现问题，然后找到不足，这才是考试的真正目的。我们对待考试，也要将其视为检测知识掌握得是否全面的一种工具，是帮助我们变得更好的一种方法，而不是我们的敌人。即使我们没考好，也只是说明我们对某些知识点还没掌握好，而那些我们已经掌握的知识并不会消失，所以我们并没有损失什么。

在心里藐视它，在战术上重视它，这才是面对考试的正确态度。

一般而言，平时学习成绩比较好的人大多不惧怕考试，因为他们在平时就对自己有严格的要求，对知识的掌握也比较全面，因此对考试大多感到胸有成竹，考试焦虑出现的概率就比较小。因此我们解决考试焦虑的终极方法还是要打好基础，扎实地掌握每一天学的知识。知识是一个积累过程，那种平时不努力，却喜欢搞考前突击，认为"临阵磨枪，不快也光"的行为是不可取的。这样的人容易得考试焦虑症。

如果平时成绩不错，可是仍然会有考试焦虑情绪的青少年，就要注意通过提高情商来解决这个问题。我们要学会觉察自我的情绪，因为考试焦虑其实是一种消极的自我意识，很多人的这种意识已经根深蒂固，他们自己根本觉察不到。如果我们能及时觉察到这些消极、负面的情绪，敏锐地发现自己细微的生理和心理变化，那么就能有意识地通过自我调节克服这些消极情绪。

青少年要懂得制订合适的目标，合适的目标能激励人们的斗志，过高的要求会加深焦虑。把考试目标降到一个有一定高度又不是难以达到的水平，既有助于自我激励，又有助于减少考试焦虑情绪。

仔细分析，"不打无准备之仗"。我们不妨认真思考一下，为什么我们会对考试产生焦虑情绪。是因为时间不够我们没复习好，还是别的原因？把这些让我们焦虑的事情都写下来，然后对照着进行分析、整理，再一一列出解决方法。

很多青少年对考试的焦虑来自不自信。心理学家发现考试焦虑和学习成绩成反比，也就是说考试焦虑的程度越高，考试成绩就越低。有的学生即使已经把课本翻烂了，做完的各种练习题已经堆成山了，可还是对自己没信心，总觉得有什么地方没有复习，总是害怕已经记在脑子里的知识会忘掉。

看到周围的同学都信心满满、胸有成竹的样子，他们就开始慌了，继而心跳加速，脑海里不停地重复着一句话："完蛋了、完蛋了，大家都复习得很好，可是我好像还没看好书……"当试图去回想昨天晚上复习了什么时，突然发现大脑一片空白，然后更慌了，"真的什么都不记得了！"这样的负面心理暗示一次又一次地传递给大脑，使身体也开始有了负面反应。自信心就这样被你赶走了。

青少年要对自己的能力和掌握的知识情况有大体的评估，这样就能做到对考试成绩有个合理的预测。做到心里有底，青少年就可

情商——一本给孩子的人生格局书

以有效控制对考分的恐惧，减少考试焦虑的情况。

如果你在考前复习好了，也尽力了，那就应该放松，因为经过努力和复习，接下来的考试只是一种检测。

青少年一定要注意劳逸结合，如果长时间持续紧张地学习，效率反而会越来越低。在紧张学习之后，适当放松大脑神经，比如打球、听音乐、唱歌等，都能很有效地调节心理状态。

我们拿到考卷时，不要云想昨天怎样，也不要去管明天怎样，不要多想，多想也无用，不需要吓自己，好好做题，把它当成平时的作业一样认真对待就好了。不要因以前自己没好好复习而懊悔，也不要担忧未来在哪里，我们应该把全部的精力放在考卷上，"不念过去、不畏将来"，认真做好每道题就够了。

人生的幸福与否、成功与否，并不是一两场考试就能决定的。很多高考状元进入大学后因为丧失自我管理能力，沉迷游戏，最终泯然众人；很多成绩平平的人通过努力和奋斗最后却取得了巨大的成功。

一两次考分的高低，并不能决定一个人成绩的好坏；人生的成就，也不取决于成绩的高低。人生是一场马拉松，无须计较一时的得失，持续努力学习，不妄自菲薄、不自甘堕落，不断超越自我，终将到达成功的彼岸。

开发潜能：
异于常人的地方就是特长

一个人究竟有多大的能力，能被发挥到什么程度，有多少潜能没有被开发？这些蕴藏在心底最深处和意识最高层次的能量，一旦被开发出来将会爆发巨大的能量，使得一个人成绩斐然、出类拔萃。而要想做到这一切，都需利用情商的力量。

家长和老师们都不断告诉我们，青少年最重要的任务是学习。我们每天都在学习，那么有没有思考过，什么是学习？

学习，是透过外界教授或从自身经验提高能力的过程。对青少年来说，学习就是通过老师教授、自我阅读、观察、理解、实践等手段获得知识和技能的过程。学习通过这些外在的刺激而引起的变化，包括内在的变化和外在的变化。

就好像我们说："玉不琢，不成器。人不学，不知义。"我们是通过"学"，才"知义"，当我们懂得了"义"，我们的行为才会遵循"义"。

对青少年来说，我们在学校里要学习种类繁多的知识，不是在所有科目都能取得耀眼的成就的。一个人成功的过程，也就是潜能开发的过程。

1924年8月28日，在新西兰南岛东南部达尼丁一个普通工薪阶层的家庭，一个叫珍妮特·弗雷姆（Janet Frame）的女孩出生了。珍妮特的父亲是一名铁路工程师，她的母亲则在有钱人家当女仆贴补家用。珍妮特在家里五个孩子中排第三。

珍妮特是个天生敏感又害羞的孩子，惧怕和别人交流，不敢出门，总是躲在窗户后面看外面的世界，却不敢走出去。家人都觉得她是一个怪胎，渐渐地也就和她更疏远了，她的父亲甚至认为这个孩子一定有自闭症。

珍妮特也很想拥有朋友和家人的爱，但是她太害羞了，因此压制着交流的欲望，把自己封闭在一个狭小的空间里。她不漂亮，有点儿胖，做事总是笨手笨脚，因此也就更加自卑，更不愿意和别人交流。她的内心是丰富多彩的，她却无法告诉别人，她和周围的一切显得那样格格不入。

珍妮特上中学时的一天，姐姐玛丽叫她去游泳，她因害羞而拒绝了。姐妹们快乐地边跳舞边走出大门，珍妮特却只能从窗口偷偷看着她们沐浴在青春的阳光里。不久之后，珍妮特的两个姐姐因为溺水先后死亡，这给珍妮特带来了沉重的打击。

珍妮特热爱写作，从小到大游离于周遭世界之外，别人听不懂她的话，她就用文字来表达内心的感受，写作是她和世界唯一的交流方式。

但贫困、丧亲、没有朋友、孤苦伶仃的珍妮特不得不放弃梦想，去做了一个老师。但是她仍旧害羞地不知道如何和别人相处。有一天，当她正在布置教室时，她的老师来找她，珍妮特拿着粉笔盒不知所措，情急之下只能躲了起来。

她的这些行为是异于常人的，她先后被诊断为抑郁症、自闭症，然后被送进精神病院治疗，谁知道很快她又被诊断为精神分裂症。珍妮特不愿意回家，因为父亲和兄弟总是会冲她发火。她在精神病院待了8年，她的医疗记录对她的描述是：害羞、极端内向、交谈困难、有严重自闭倾向，怀疑有防卫掩饰的幻想或妄想。

没有人能懂她，她的文字描述了琐碎不堪的情绪，像精神病者的妄想和呓语，别人都无法理解。在精神病院，珍妮特看了一些文学杂志，这给了她一些灵感。珍妮特把自己的文章投给了杂志社，没想到她的那些不被人理解的文字竟然立刻被顶级的文学杂志发表了。珍妮特因此得到了鼓励，虽然经常要面对电击治疗和胰岛素治疗，但是她仍旧坚持写作。

在父母兄弟和医生眼里，珍妮特仍旧不是正常人，他们甚至给她定了前脑叶白质切除术！

这种在20世纪70年代以后逐渐被抛弃的神经外科手术，一度很流行，包括切除人的大脑前额叶皮质的连接组织。当实行这一手术时，医生需要在病人的颅骨两侧各钻一个小孔，然后将脑白质切断器从孔中伸入病患的脑部，在每侧选择三个位置实施手术。而另一种手术方法更是令人感到惊悚，医生使用一个类似于冰锥的锥子和一个榔头，先以电击代替药物麻醉将病人击倒，然后将锥子经由眼球上部从眼眶凿入脑内，破坏掉相应的神经。而手术对象在经过手术后往往会丧失精神冲动，表现出类似痴呆、弱智的迹象。

幸亏手术前夕，珍妮特的文章获得了休伯特教堂纪念奖，这是当时新西兰最负盛名的文学奖之一。得奖的消息传来后，珍妮特才没有做手术，否则后果不堪设想。可以说珍妮特的文章救了她。

获奖之后，珍妮特申请了奖学金，开始去欧洲求学和工作，这一年她已经三十四岁了，但她仍然被认为是抑郁症患者和精神分裂症患者。她走遍了欧洲，边走、边写、边看医生，在英国乃至世界都最有名的精神病医院莫兹利（Maudsly），她按照医院和专家的要求进行了两年的检查，在与权威的医生进行了长达两年的定期交谈后，英国最权威的精神病院的医师终于为她开了一张诊断书："她一切正常，没有精神病！"

珍妮特说："写作对我来说是一种福音，是止痛药。我认为这对我来说很重要，我害怕从写作中走出来。"所以她更努力地写作，以此表达自我。

珍妮特以她"异于常人"的情感，创造出了新颖、怪诞的文字，体现了卡夫卡式现代派和后现代派的创作特点。她的一生写了十二部小说、四部故事集、一部诗集和三部自传，获得了数十个奖项，成为新西兰最著名的后现代作家，领导了新西兰小说创作的新潮流，被澳大利亚著名作家、诺贝尔文学奖获得者帕特里克·怀特称为"新西兰最了不起的小说家"。

每个人都是不同的，别人的成功不一定是你的成功，或许也是你无法达到的成功。但是当你发现了自己的潜力，你就能定义自己的成功。

你要认清自我，找到自己的兴趣所在，把你的价值观以及优势和劣势都写下来，和自己进行更深层次的交流，寻找兴趣点，比如喜欢唱歌、跳舞还是运动，或者是写作。

寻找那些你真正发自内心喜欢的事情，不是为了面子、虚荣，不是想得到别人的赞美而想去做的事情。找到兴趣点后，认真审视自己，为了这个兴趣，你该做些什么，还需要怎样改进，然后就开始为之努力吧！

潜力之所以是潜力，是因为它被掩藏起来了，所以要想使它变成实际能力，就需要有积极的开发心态。青少年要不断进行自我正面暗示，排除负面暗示，"志不强者智不达"，立下目标，才能更好地激励自己。有了目标，青少年才能严格地要求自己，才能克服前进路上的困难，聪明才智才会被发挥出来。

特长和兴趣是不可小觑的资本，但是它并不会自然而然地带给你成功，你必须努力依靠它们实现自己的目标。那种三天打鱼两天晒网的"兴趣"是无法形成潜能的。

　　高尔基（Maxim Gorky）说过："我常常重复这样一句话，一个人追求的目标越高，他的才能就发展得越快，对社会就越有益，我确信这也是一个真理。"高目标有助于我们彻底发挥现有的智力，并且能迎难而上、积极进取，不会轻易退缩。

　　健康的身体对青少年来说至关重要，这不仅是日常生活的坚实保障，也是潜能发挥的物质基础。一直被病痛困扰的人心情肯定不好，只有有了健康的身体，才能有充沛的精力，心情也会因之感到愉快。

　　兔子跑得很快，去参加游泳比赛一定会淹死；蜜蜂会采花蜜，让它像老鹰一样飞翔也是不现实的。一个人总有他的强项和短板，如果想要出类拔萃，就要懂得挖掘自己的潜力，善于经营自己的强项，成功就在不远处！

第十章

这就是青春啊

——懵懂而躁动的心，何处安放？

人终其一生不过是背着一个行囊，一路走一路装我们的
所思、所想、所望。而你是我旅途中甜蜜的负担，无处丢弃
也无处安放。

早熟的情感:
都是因为你情商太高

中学大概是人生中最美好的时代之一。在这段日子里，我们除了获得了人生里最纯洁、最不势利的友谊，除了那些在教室里挥洒汗水的青春岁月，还有了人生里最初的感情萌动。

这不是一个谈"早恋"色变的年代，越来越多的家长和老师愿意以更理性的态度对待"早恋"这件事儿，这是值得庆幸的。

但也并不是说，这是一个随意"早恋"的年代。那些鼓吹西方中学生恋爱自由的文章是不负责任的。要知道，在西方社会，越好的学区、越好的学校，对待中学生恋爱这件事情就越严肃。

无论是东方还是西方，但凡关心下一代教育的父母，对孩子青春期的态度都是谨小慎微的。性的萌动、情感的初发，让心智还未完全成熟的少男少女们有了更多的不确定性。如何让孩子们安全、健康地度过这个时期，是中西方家长和教育学者共同关注的话题。

确切地说，在英文中并没有"早恋"这个词，对应的是"青春期恋爱"。可以说"早恋"是很有中国特色的词汇。"早"有一个非常明确的时间节点，也就是说，当老师和家长在讨论"早恋"的时候，发生在高考前的一切爱恋或者对异性的心动，都会被归到"早恋"的范围内。

我们很难说服家长们思考，为什么过了高考那几天发生的感情就不算"早恋"，而在此之前，哪怕早一个月、早一天都叫早恋？因为他们的回答都是"学业为重"，这是所有家长的逻辑。

"天天想着男男女女的事情，哪里有心思去读书？没有心思去读书，你怎么考上大学？考不上大学，你怎么找工作？找不到工作，你没钱怎么买房子？买不到房子，哪有姑娘嫁给你？"

"女孩子精力有限，天天想着谈恋爱学习成绩一定会下降！女孩子容易吃亏上当，万一碰上坏小子，你哭都来不及！"

爸爸妈妈是不是总在耳边唠叨？可是看看身边如果有二十五六岁还在读研究生的亲戚，是不是发现他们也在被人唠叨："这么大年纪了，还读什么书啊？赶紧想办法解决终身大事吧！"

嗯，这就是一件具有中国特色、超级矛盾又无解的事情。

但是咱们谈谈别的。"早恋"并不是一件可耻的事情，这件事情的发生是自然而然的，就像一颗种子落在了土地里，有水有阳光，就会生根、发芽、开花、结果一样自然。

因为我们的身体已经开始成熟了，我们的心智也慢慢开始成熟。我们开始对周围的一切感到好奇，会对自身的变化感到不安、忐忑。

1999年公布的权威数据结果显示，中国女性第一次来月经发生在12.54岁，男性第一次遗精发生在13.85岁。这样的年纪，半大不小，虽然有些学校开了生理卫生课，可是犹抱琵琶半遮面似的教学，反而让青少年们越发好奇。他们想知道是怎么回事，却没有人可以严肃又详尽地回答他们的疑问。

由于互联网的光速发展，社会的整体环境发生了巨大的变化，新一代的青少年进入青春期的时间也大大提前了。

对比西方的青春期教育，他们更侧重于关注青春期青少年的心理问题。他们更重视的是在青少年的人生观、世界观最不稳定的时期，如何使他们安稳度过，如何教育他们避开因为性教育不足而造成的伤害。

因为学校有专门的注册护士，生理卫生课由注册护士讲。这样由专业人士讲述的内容会更科学，更容易让人信服和理解。在学生们进入五年级后，女生和男生分开上课，护士会分性别循序渐进地讲述关于学生们的身体变化的知识，包括如何面对月经、如何选购卫生用品等。升入高年级后，这方面的内容会逐步加深，比如护士会播放纪录片给女生看男生的身体构造，相对应的男生也会接受这方面的教育。等到了更高年级后，学生也是通过纪录片懂得性行为是怎么回事，会产生什么后果，人类是如何生育的等。当性不再神秘时，青少年对待性的态度才会更加谨慎。

而中国的家长对"早恋"最大的担忧大多集中在害怕影响学业上，他们很少或者不敢强调青春期性教育，害怕孩子知道得越多越难管。他们反对孩子"早恋"，和他们反对孩子打游戏、打篮球、踢足球等的理由是完全相同的，一切和学习无关的东西，他们都是反对的。

在情窦初开的年纪，青少年对某个异性的喜欢可能就是一时好奇或者荷尔蒙在作怪。如果他们了解了原因，也许就可以进行自我调节，进行自我情绪管理。但是如果他们不知道这是怎么回事时，就会慌乱。有的人甚至感到内疚、羞愧，觉得自己变成了一个坏孩子，一边陷入情感的泥沼里透不过气，一边还要在自责的情绪里挣扎。而这些，才会真正影响青少年的心理健康。

青少年在这个年纪对异性产生好感是一件很正常的事情，想要接近对方，想要探索对方，也是很正常的欲望。生理的逐渐成熟会带来生理的冲动和萌发的性意识，我们会变得极度敏感，开始关注异性，也想得到异性的关注。对方的一个眼神、一个微笑都能让我们心跳加速、面红耳赤。

我们开始对异性有自己的审美：皮肤白的、眼睛大的、个子高的、长得帅的、性格温柔的……逐渐开始形成恋爱的理想模型。在和同学的交往里，我们会不自觉地向自己的理想模型靠拢，如果正好得到了对方的回应，便产生了所谓的"早恋"情况。

实际上却是，青少年因为懂得越少所以越好奇。信息如此发达的今天，也是信息瞬息万变的时代，你想知道的一切信息在网络上都能找到答案。我们已经懂得搜索，上知乎、百度、贴吧上寻找想要的答案，但是接触的信息多了，泥沙俱下难免鱼目混珠。

那些答案是未经过筛选的，良莠不齐，有的是真正的科学，有的却更像是伊甸园里引诱夏娃偷吃苹果的蛇。网络、电视、电影里充斥着对性的夸张描写，让对此充满好奇的青少年产生了不应有的憧憬和幻想。偶像低龄化，影视、小说主人公低龄化更起到了推波助澜的作用，让青少年误以为性是一件很随意的事情。这些流行文化里的不健康的东西在大肆渲染性，却没有人教给他们什么是责任，如何做好安全保护措施。青少年面临的抉择更多了，冲突也变得更多，我们在这些信息面前非但没有明白原委，反而更加困惑了。

朋友间的攀比，也给了青少年无形的压力，好像没个"男朋友""女朋友"就是一件没有面子的事情。家长和老师在发现了孩子和异性交往时，不管三七二十一先打压再说，完全无视孩子的解释。这种压抑的性教育，也让青少年产生了逆反心理。

成长是一个循序渐进的过程，不是说到了二十岁就自动学会谈恋爱，到了二十多岁就自动结婚生孩子。人生的每一个节点都不是一蹴而就的，而是由前一段楼梯累积而成，然后到达下一段楼梯。

我们从每一天经历的事情里体会人生的悲欢离合、聚散无常、拥有失去、欢欣低落，这些都是我们人生中丰富的经历，也是我们成熟的必经之路。人生是一个一环套一环的有机整体，从来不可能单独存在。

当你开始对异性感到好奇，当你有了蠢蠢欲动的心时，那仅仅代表着你开始成熟了，要进入人生最关键的一个节点了。

"早恋"之所以危险，并不只是因为它会占用大部分精力而让人无心学习，更重要的原因是在青春期时，不管你觉得自己有多成熟，不管你认为你的智力有多么高超，你对人生的掌控能力还是欠缺的。在这个时期你的所有决定和判断，并不像你以为的那样成熟和可靠。

在这一段时间里，你会学习如何理智地控制自己的情绪，如何和异性相处，如何疏导冲动的感情，这些都是成长的必修课。你不必逃避，而是要将它看成一门重要的功课。在这门功课里得分高的人，也一定是个高情商的人。拿破仑·希尔认为："综合两千多年来伟人的传记与历史发现，其中凡是有关重大成就获得者的证据，都有力地表明，他们拥有高度的性魅力。"

而我们要学习的不是如何谈恋爱，或者如何压抑自己的爱恋，而是如何正确地引导这种感情，如何让理性战胜感情的冲动，并激发出巨大的潜能，去避免陷入感情的泥潭无法自拔，最终断送前程。

265

喜欢与爱的区别：
时间会告诉你答案

　　高一的第二学期，班里来了一个转学生，就坐在文文的邻座。虽然不是同桌，两个人隔着一条走道，可是只要文文一侧过头就能看到他。

　　宽大的校服穿在别的男生身上也许灰头土脸，可是穿在他身上是那样与众不同。他有一副好嗓子，语文老师叫他起来背书的时候，文文简直陶醉在他的声音里。文文觉得，就是电台的男主播也比不上他的声音好听。

　　有一天，文文忘了带英语课本，都快急哭了。因为英语老师非常严厉，没带书的同学要去走廊上罚站。文文觉得如果去走廊上罚站，那简直太丢人了。在文文一筹莫展的时候，他突然把书递给了她。文文感动得不知道说什么好，他却只是笑了笑。

　　果然，他被老师罚站。文文的心也一直揪着，整整一节课都没着没落的。她想把课本还给他，然后陪他一起罚站，但是那样全世界的人就都会知道她的心思了。

从此之后，文文觉得他们之间好像有什么不同了，但好像也没什么不同。她装作不经意地问起他的微信号，他不仅加了她好友，还把QQ空间也向她开放了。

晚上回家以后，文文偷偷打开手机，如饥似渴地在他的朋友圈和QQ空间里浏览，想要了解关于他的一切信息。他喜欢的东西，他的一颦一笑，他的每张照片，甚至他的每一句话，都深深地刻在她的脑海里。

有时候她无意间侧过头，看到他也在看她，会急忙转过头，恨不得把头埋在书本里。她终于懂得什么是心如"小鹿乱跳"，也懂了什么是思念，什么是牵挂，什么是"我的眼里只有他"。她怕他知道她对他的心思，又怕他不知道；怕他会反感拒绝她，可是又渴望能得到他的回应……

这是爱还是喜欢？

爱从喜欢开始，但很多的喜欢走不到爱。在青春期的时候，很多对异性的感觉只是喜欢，很难达到爱的深度。其实对很多成年人来说，也并不一定能明确地分清什么是喜欢、什么是爱，因为他们错过了学习什么是真爱的绝佳机会。

在青春期的时候，我们以为发生的感情就是爱情。那么我们来看看，什么是喜欢，什么是爱。

天津卫视的情感节目《爱情保卫战》里，情感导师涂磊在节目中这样说："喜欢，可以心动，而爱，一定会心痛；喜欢，可以舍得，但爱，一定舍不得；喜欢一个人，冬天不过是冬天，但爱一个人，冬天能够变成春天；爱一个人，他落泪你就会跟着他一起落泪，而喜欢一个人，他落泪你只不过会安慰；喜欢是可以变成爱的，但你一旦爱了就说不出喜欢；喜欢是不排他的，而爱一定是排他的；喜欢与责任无关，爱一定要负责任。"

有句话说："你最喜欢一个人的时候，常常是你最不了解他的

第十章　这就是青春啊——懵懂而躁动的心，何处安放？

时候。"因为你喜欢一个人，并不需要充分了解他，可能是因为他身上某个吸引你的特质而喜欢上他。

就好像经过一个花园，我们会被花园里美丽的花朵吸引，想剪掉一朵花带回家，这是喜欢，因为喜欢就想占有。而当我们舍不得把它剪下来，只想悉心照料它，为它松土施肥、除虫浇水，想让它开出更美的花时，才是真的爱它。所以才会有人说，爱花的人从来不会摘花。

当喜欢上一个人的时候，我们也许就是因为他的一个笑容，也许是因为他身上的一种气味，那种莫名其妙的吸引和迷恋，会让我们享受和他靠近的感觉，有时候哪怕是想到他都会怦然心动，手脚无处安放。

科学家告诉我们，我们的这些喜悦和冲动都是身体里的各种化学物质比如苯基乙胺、多巴胺、去甲肾上腺素等在起作用。

喜欢是短暂的、不排他的，也就是说，很可能今天你会喜欢上这个女孩子，明天突然觉得这个女孩子好像也没有什么吸引你的地方，对她突然就没了感觉。后天你发现另一个女孩子那么可爱，那么招人喜欢，看到她的时候又开始心跳加速、手心出汗了。

可能你还会发现，你很喜欢这个女孩子，可是也喜欢那个女孩子。她们身上各有各的特色，你无法分出高低，所以好像两个都喜欢。

当你喜欢一个人时，是期望有所回报的，喜欢是个很自我的东西。你享受喜欢的感觉，只要和喜欢相关的一切东西，一定都是美好的。你望了对方一眼，就会期待对方也望着你；你对对方无微不至地关心，也希望对方能以同等的关心回应你。如果对方没有达到你的期望，你会感到失落、不公和失望，然后你的喜欢很快就会荡然无存。

而爱是付出，是不求回报地付出，是可以"变得很低很低，一直低到尘埃里去""并且在那里开出一朵花来"。爱一个人，没有得失心，你所有的付出，不是为了得到回报，仅仅是因为爱他，所以心甘情愿。你想让他幸福，所以甘愿自己受委屈。

哪怕对方根本不知道你的存在，你也不会心生怨恨，而是对这份爱甘之如饴。而对方对你的好，不是你求的回应，而更像是"意外之财"。爱一个人是很难的，也不是所有人都有爱人的能力。爱是排他的，一个人在一段时间内只会爱一个人。

民国时期著名的建筑学家、才女林徽因也曾面对这样的难题。那时候，她已经有了丈夫梁思成。可是优秀的女子，无论何时都不缺追求者。有一回林徽因因为感情的事情烦恼极了，向梁思成说了她的烦恼。因为她觉得自己好像爱上了两个人，不知道该怎么办。"两个人"，一个是她的丈夫，另一个是哲学家金岳霖。

梁思成辗转反侧了一夜，在思考林徽因到底和自己在一起幸福还是和金岳霖在一起幸福。他把自己、金岳霖和林徽因三个人反复放在天平上衡量，最后觉得尽管自己在文学、艺术各方面有一定的修养，但缺少金岳霖哲学家的头脑。他认为自己不如金岳霖，于是第二天，把想了一夜的结论告诉了林徽因。他告诉她：你是自由的，如果你选择老金，祝愿你们永远幸福。

金岳霖听说后，感慨地说："看来思成是真正爱你的，我不能去伤害一个真正爱你的人。我应该退出。"

真正的爱，不是占有，而是放手。

喜欢大多依附于某种物质，比如外在的美好、美丽的头发、学霸的光环、运动健将的风姿等。而爱是超越这些物质的，会带你到达对方的心灵，爱一个人，爱的是他的灵魂。

你喜欢一个人时，大多会把对方理想化，对方在你的想象里是完美无缺的，你是无法容忍对方的缺点的。而爱一个人，是爱他的全部，你会看到他的不完美，可是你仍旧愿意拥抱对方，全盘接纳对方。

喜欢常常突然来袭，会让你产生如触电般的感觉，那一瞬间的感觉很美妙，但是它太容易消逝了，就像闪电一样，来得快，去得也快。而爱往往来得缓慢，但是更深刻。之所以缓慢，是因为它有一个形成的过程，不是一蹴而就的。因为形成的时间更久，所以它持续的时间也更久。随着时间的推移，两个人的灵魂交流深入，爱会变得更深、更强烈。

喜欢是脆弱的，也许朝来暮往，经不起风吹雨打，甚至让你感到筋疲力尽。爱是坚固的，越挫越勇，能激发你所有的潜能。无惧猜忌、阻挠、争吵，你会为了维护这份爱变得更强、更好。

作家周国平说："爱情的质量取决于相爱者的灵魂的质量。真正高质量的爱情只能发生在两个富有个性的人之间。真正的爱情也许会让人付出撕心裂肺的代价，但一定也能使人得到刻骨铭心的收获。"

爱是一种稀有的感情，人生中也许只有极少数的几次真爱，有的人也许终其一生也没遇到真爱。

当发现自己心动的时候，你很难分辨出到底是喜欢还是爱。其实不用急着下结论，时间会告诉你答案。

如果你们的感情真的升华为爱情，并能让彼此变成更好的人，那么不要放弃，好好珍惜。

正常的
"异性效应"

　　有一句特别有意思的话："男女搭配，干活不累。"有经验的老师在分配学生做事情的时候，会有意识地注意男女生比例的问题。因为他们发现，如果一项工作都交给男生做，或者都交给女生做，结果往往不如男女生按比例搭配的效果好。

　　一个刚毕业的研究生留校做大一新生的辅导员，因为他年纪不大，为人又和善，所以学生们大多不怕他，把他当成"哥儿们"。辅导员对学生宿舍的卫生极为头疼，因为这些第一次离开家的孩子懒散惯了，被子不叠、衣服乱扔、垃圾不倒，弄得宿舍乱七八糟。

　　辅导员绞尽脑汁，想出各种"威逼利诱"的方法，效果都不理想。后来辅导员的同事，一位有经验的老师告诉了他一个方法，按照这个老师的方法，学生的宿舍卫生问题果然得到极大的改观。

　　原来检查宿舍卫生是女生检查女生宿舍，男生检查男生宿舍。可是辅导员听从了同事的建议，让女生检查男生宿舍，男生检查女生宿舍。因为床铺上都贴着学生的名字，学生们谁也不想在异性同学面前丢脸，所以一到检查卫生的时间，大家都很自觉地打扫卫生、整理床铺。

无独有偶，在早期的宇宙飞行中，科学家发现60.6％的宇航员会产生"航天综合征"，比如眩晕、头痛、恶心、失眠、烦躁、情绪低落等问题。无论使用何种药物，似乎对这些症状都无济于事，科学家百思不得其解。

后来在南极考察的澳大利亚科研人员虽然没有进入宇宙，却也都出现了这些症状：科研人员白天昏昏沉沉，晚上却又睡不踏实。

科学家们采用了许多方法，均无法将其治愈。经过漫长的调查研究，最后科学家们得出的结论让人惊讶：原来无论是宇航员还是南极科考人员的身体症状，都是因为没有男女搭配、性别比例失调导致的异性气味匮乏的结果。

因此，美国著名的医学博士哈里·勒姆（Harry Lem）教授向美国宇航局提出建议：在每次的宇航飞行中，需要挑选一位健康貌美的女性宇航员。困扰宇航局的难题，居然就用这么一个简单的方法就迎刃而解了。

其实，这并不是什么可笑的事情。在心理学上，这种现象被称为"异性效应"。异性效应是一种普遍的心理现象，心理学家研究显示，这种现象在青少年中尤其明显。具体表现在：某个由男生和女生共同参加的活动和只有同性参加的活动相比，男女都参加的活动一般会让人感到心情愉悦，干劲更足，活动的结果也更令人满意。

这是因为在青少年时期，由于性心理和生理上的成熟，青少年的心理产生了一系列微妙而复杂的变化。他们对异性开始好奇，进而下意识地产生想要吸引异性的想法。这并不是什么"坏心思"或者"早恋"，而是正常的反应。

当有异性参与到活动中时，异性之间想要探索、接近的需求得到满足，因此青少年在心理上会产生不同程度的愉悦感。这种愉悦感能激发人内在的积极性和创造力，也会给人带来积极的情绪体验。对青少年来说，这是健康、正面的情绪体验，不仅对身体健康有益，还对他们的心理产生一系列的正面效应。我们会发现，有异性在场时，人的潜能很容易得到激发，思维也比平时灵敏。

但是在和异性相处的时候，并不是说可以随心所欲、口无遮拦，我们要遵守正常的和异性交往的规则，善加利用"异性效应"。

和异性交往并不是长大后才要学习的事情，在萌发男女有别的意识时，我们就要开始有意识地学习如何和异性交往。我们在学校里学到的不仅仅是科学文化知识，更是未来走入社会的各种技能，包括健康地和异性交往的技能。越早进行这项技能的培训，青少年未来越容易树立健康的异性观，不会走入歧途。

不要因为自己仍然是学生，觉得自己年纪小就忽视这项技能。那种把异性视为洪水猛兽、认为和异性说一句话就十恶不赦的行为都是不科学的有害观点。人的交际能力不是天上掉下来的，也不是长到一定的年龄突然获得的，而是随着年龄的增长慢慢摸索、提高的。

一个不懂如何健康地和异性相处的人，他的社交能力注定是不强的，也很难在未来的职场中游刃有余。

男女生正常交往非常有助于淡化彼此对异性的神秘感，因为很多时候越不了解就越好奇，就越会投入精力去探索。正常的异性交往给青少年提供了这样一个机会，消除了他们不该有的好奇心和神秘感，让他们懂得异性并不神秘，有助于他们形成健康的友谊关系。异性间的交往不能和"早恋"画上等号，异性朋友和同性朋友是一样的健康友谊。

273

就像开车要遵守交通规则一样，要想青春期不发生"车祸"，想要使异性交往不偏离正常的轨道，青少年一定要把握好和异性交往的原则，这样会避免很多烦恼和危机。

首先，青少年之间要保持距离，行为不要过分亲昵。我们都知道青少年正是性意识萌动的初期，渴望和异性接触，但是如果过分亲昵不仅会让自己给人一种轻佻的形象，也容易让对方产生不必要的误会。

过分亲昵的行为会让有些人觉得反感，而引得另一些人浮想联翩，造成不必要的麻烦。青春期的孩子往往自控力不足，很容易冲动。青少年应遵守人际交往的安全距离，不越界、不轻易和异性发生肢体接触，譬如拉手、挽臂、勾肩搭背甚至拥抱亲吻，都是需要避免的行为。

欧阳修曾说过"事无不可对人言"，异性同学之间只要是正常的话题，其实都可以摆到桌面上开诚布公地讨论。如果你需要单独和异性讨论问题，可以约在空间开阔的公共场所，尽量避免到狭窄、陌生的封闭空间，也尽量不要单独在夜间相约。

其次，不宜过分冷淡或拘谨。异性之间交往讲究的是自然大方，不要故作清高、惺惺作态。当异性同学和你说话的时候，你大可不必摆出一副爱理不理的神情，那样并不会显得你多么优秀，而只会让人觉得你冷漠无礼。和异性同学说话的时候你也不要态度扭捏，记住做回自己，该笑就笑，需要发表意见的时候就大方地发表意见，不要觉得害羞。

青少年要注意言谈举止，特别是青春期的男生，往往说话的时候口无遮拦，想到什么说什么，丝毫不在意在场的女生的情绪。要知道很多话男生之间说说没什么，但是并不适合说给女生听。如果青少年总是说话不分听众、不分场合，很容易让人反感。

青少年往往希望得到异性的关注，希望自身有闪光点能吸引异性的目光，善加利用这种良好的内在驱动力，可以进行自我激励。比如女生会刻意注意自身形象，培养自己的谈吐礼仪，使自己成为学习优秀、善良大方优雅的女生。而男生也会以此激励自己，发掘自身的长处，刻苦学习、锻炼体魄，让自己成为潇洒有礼、健康阳光的男生。

暗恋：
有一种快乐只有我们知道

　　十七岁的小夏参加了学校的文艺晚会，这一天，她很幸运地拿到了前排的票。晚会进行到一半的时候，小夏出去接了一个爸爸的电话，等她再回到座位上的时候，台上一个大男生正抱着吉他在唱歌。

　　四周的一切都是昏暗的，只有一束灯光打在他身上，把他照亮，好像他整个人都会发光一样。歌声静静回荡，他的样子和他的声音都深深地刻在了小夏的心上。

　　等男生唱完歌，谢了幕，退下舞台，小夏才回过神来。她望着台上空空的椅子，心也空荡荡的。接下来的节目小夏一点儿都没看进去，脑海里都是那个男生的样子，耳边仿佛还回荡着他的歌声。这一晚，小夏失眠了。

　　小夏不知道那个男生的名字，也不好意思打听。她期待能在校园里再遇到他，可是那个男生仿佛消失了一样，小夏再也没见过他。但是每天晚上睡觉前，小夏都会再想一遍他的样子，因为一想到他就觉得开心。然后她插上耳机，把他那天唱的歌单曲循环一直到睡着为止。

过了几个月，在放学的路上，小夏终于再一次见到了那个男生。小夏开始了她的"跟踪"，看清楚了他的自行车的样子，能在好几排自行车里一眼认出他的车。她会装作陌生人一样远远地跟在他身后，看他是哪个班的。在食堂买午餐的时候她开始留意他买过的饭菜，以此推测他的喜好。

从她的"跟踪"得来的信息里，她知道他是个左撇子，喜欢吃肉末茄子和宫保鸡丁，不喜欢吃的是白菜和豆腐，因为她从来没见他吃过。他喜欢穿白色的衣服、白色的球鞋，是个很爱干净的人。他打篮球打得很好，他的篮球衣是8号，所以他的偶像肯定是科比……

但是小夏从来不敢打听他的名字，害怕被人发现她的心事，小心翼翼地守护着心底的秘密。

后来小夏发现他是校报成员，就开始收集校报。虽然不知道哪个是他的名字，可是她知道也许其中的某一篇文章就是他写的，所以她分外珍惜，每一份都舍不得丢弃。听到别人的只言片语，只要有他们班的人，小夏的耳朵就会马上竖起来，努力在别人的话语里猜测他们说的那个人是不是他。

马上就要毕业了，小夏想，也许直到毕业的那一天，他都不会知道自己的存在吧。她很想告诉他她喜欢他，可是又不敢。

泰戈尔（Rabindranath Tagore）的诗《最遥远的距离》（The furthest distance in the world）就写出了小夏的这种感觉："世界上最远的距离，不是生与死的距离，而是我站在你面前，你不知道我爱你。世界上最远的距离，不是我站在你面前，你不知道我爱你，而是爱到痴迷，却不能说我爱你。世界上最远的距离，不是我不能说我爱你，而是想你痛彻心脾，却只能深埋心底……"

　　暗恋是一种奇妙的经历，一个人对另一个人心存好感或者爱意，但在种种原因之下一直不敢表白。而被暗恋者，往往不知道这段感情的存在。暗恋是单方的，是一个人心酸又甜蜜的独角戏。

　　当你开始频繁地想起某个人，或者经常好奇他正在做什么，很想知道他的喜好及对一些事情的看法时，很有可能你已经暗恋上对方了。很多时候，暗恋的一方并不一定想要表白，而是更珍惜这种独有的感受。但是在每次接近对方的时候，你会感到紧张不安，生怕一不小心就泄露自己的情绪。

　　其实不需要把暗恋当成严重的事情，对一个人产生好感在青春期是很容易发生的事情。并不是所有有好感的人都要变成你的终身灵魂伴侣，其实有的人只是陪你的心走过一程而已。

　　暗恋最大的坏处大概就是会导致注意力无法集中，因为当你在

上课或者做作业的时候，你会发现对方的脸情不自禁地浮现在脑海里，往往对着课本大半天，但是其实一个字也没有看进去。你的笔记本开始空白，因为你没办法跟上老师的讲课进程，常常走神，笔记本上的小涂鸦好像也都变成了他。你开始注意自己的外表，就算对方根本不知道你的存在，可是你看对方的眼神已经不一样了，所以你觉得对方看你的眼神也有所不同，生怕糟糕的形象会毁了自己在对方心中的印象。

很多时候暗恋者不去表白，是因为心里明白这份感情没有结果，或者是因为双方的差距太大，或者是因为大家要以学业为重，你也并不想真的展开恋情。

想要从暗恋里走出来，你首先要承认自己的感情。对某个人产生好感，是很正常的事情，你不要因此产生负罪感，那样反而会加深暗恋的悲伤气氛，更不容易走出来。

将你的感受写下来，就像在和一个永远不会泄露你的秘密的人聊天一样。暗恋是一件很压抑的事情，因为你不敢告诉任何人这件事，告诉任何人都不安全。那么你不如和自己谈谈，看看自己为什么会对这个人产生好感，写写你对他的感受，写写你自己的感受和对未来的规划。

有时候你并不是真的了解那个人，只是自己在盲目地热恋。你会以为对方是十全十美的，但是完美的人是不存在的，很多时候你迷恋的只是臆想中的对象。冷静书写后，会让你丧失的思考能力都再次回来。也许等写完后，你就会如释重负：他好像并不是那么出色，我好像也不是那么喜欢他。你可以把这些写在安全的日记里，或者没有人知道的QQ空间以及微博里。

如果决定要从暗恋里走出来，那么你就要给自己创造喘息的空间，渐渐远离暗恋对象，不要再去关注他的言谈举止和动态。多给自己找点儿事情，让自己充实起来，如果你还是忍不住去想他，也要学会控制自己的情绪。比如，在你做完一套模拟题时，作为奖励，允许自己想他10分钟。暗恋之所以伤神，是因为暗恋者往往放纵自己的情绪。如果暗恋者能理性对待自己的感情，控制好情绪，暗恋并没有什么值得诟病的地方。

努力认识新朋友，找到和你志同道合的人。扩大你的交际圈是结束暗恋的一种有效方法，它能轻而易举地让你转移注意力。结交新的朋友，能增强你的自信心。开阔的眼界、丰富的业余生活，都会令你忙碌起来，也会让你在不经意间从暗恋的旋涡里走出来，让你冷静下来。等到冷静下来之后，重新审视曾经的感觉，你才能得出更理智的结论，看看这段感情是不是真的值得自己坚持下去。

最重要的是，如果你珍视这份感觉，不想放弃，那么不如好好利用它。人的情绪有一个奇怪的特点，那就是你越压抑、越打压，它就越叛逆。所以，当你无法割舍你的暗恋，也不知道怎么压抑它时，那么不如不要排斥它。当你勇敢面对问题时，那些因为暗恋而产生的自责、内疚、恐惧情绪就会消失了。

大部分人暗恋一个人，是因为对方的某个闪光点令他着迷。而因为对方太优秀，所以他会把暗恋埋藏得很深。其实换个位置想一下，只有一个人足够优秀了，他才能真正吸引别人。与其卑微地渴望被人爱，不如做一个可爱的人，让对方看到你的闪光点，把暗恋转换为成长的动力，成就一个更好的自己。

暗恋像是独自走一条没有尽头的隧道，但是要知道，很多青春期的孩子和你一样曾经在这条隧道里挣扎过。一旦你决定走出来，很快会迎来光明。

小夏最后怎么做了呢？她并没有表白，因为知道他是重点班的学生，现在的自己并不出色也不完美，他们无法对等地站在一起。

如果她贸然表白，也许收到的就是拒绝，而如果他接受了她的表白，那么他们又该何去何从呢？小夏喜欢他，希望他能有一个美好的未来，并不希望自己影响他的前途。所以，既然真的喜欢，她愿意默默守候。

小夏从朋友那里得知男生想要报考的重点大学后，便暗下决心要考上那所大学。于是小夏收起心思，把所有的精力都投入到学习中。小夏从来没想到自己会有这样的毅力，从前背不下来的单词都背了下来，从前不懂的题目她也不再害怕躲避，主动向别人求助，一想到他就好像有了学习的动力。原来一个人的潜力这么大，大到可以改变一个人的一生。

高考结束后，在大学报到的那一天，小夏果然在校园里遇到了他。

这一回，她不再畏缩，而是走上前去和他打招呼："你好，我是小夏，我们高中是同一所学校的呢！"

而他在看到她的刹那也露出了笑容："我知道，我认识你很久了。"

无心伤害，
也需付出爱的代价

这个夏天小白觉得很苦恼。放暑假的时候小白经常和班里的同学一起游泳，小白不会游泳，经常一个人套着游泳圈浮在水里，简直就是顶着太阳泡澡。可是因为有同学们陪伴，所以小白还是觉得很开心。

有一次，小白的游泳圈不小心漏气了，可是她一点儿都没意识到这个问题，等她漂到了深水区的时候才发现。小白吓坏了，大声呼救。很快一个人游了过来，让小白爬到自己的背上，带着她一起游到了安全地带。

等到安全了，小白才想起来谢谢他。他不是别人，正是一起来游泳的同学吴昊。小白从他背上跳下来，发现吴昊的脸红通通的。小白对他千恩万谢，而吴昊只是红着脸摇摇头没说什么。

小白为了感谢吴昊的救命之恩，请大家一起喝饮料。大家听了小白的惊险经历，都一起起哄说吴昊是"英雄救美"，而吴昊的脸更红了。

小白很快就把这件事情给忘了，可是渐渐发现吴昊总是给她打电话，虽然聊天的内容只是学习、游戏，可小白还是觉察到了异样，因为在此之前吴昊从来没有主动和她说过话。

后来吴昊也经常找小白出去玩，虽然吴昊同时会邀请其他同学，可是小白发现吴昊总是围在她身边。有时候她觉得有人盯着自己看，转过头去寻觅那个眼神的时候，正好看到吴昊红着脸转过头躲避她的目光。

小白隐隐觉得有什么事情要发生，果然她的预感是对的。有一天，同学们又一起出来玩，唱完歌之后已经很晚了。小白的家和吴昊的家正好顺路，吴昊便主动提出送小白回家。小白胆子小，不敢一个人回家，只好答应了。

两个人一起慢慢地走着，吴昊几次欲言又止。小白心跳如擂鼓，她好像明白了吴昊想说什么，觉得她应该赶快找点儿话题，这样吴昊就没机会说了。可是还没等她想到话题，吴昊突然把小白叫住，然后递了一封信给她，声音很低地说："你回到家再看。"

小白紧张得抓着信的手都出了汗，等到了家，小白躲进屋子里打开信，果然是一封表白信。

小白心里有一丝欣喜，因为吴昊高大帅气学习好，能被这样的人表白，是一件令人高兴的事情。可是开学之后他们就是高中二年级的学生了，小白并不想谈恋爱，况且她好像并不喜欢吴昊。可是吴昊是那样好的一个人，又救过自己，如果自己断然拒绝，会不会伤他的心？小白躺在床上辗转反侧，完全不知道该怎么办。

每一个被表白的人，心里的感觉一般不会太差，因为这表示自己是一个有魅力的人。但是在高兴之余，有人也会感到迷惘，因为不是所有人都想开始一段恋情，不想伤害对方，又不想接受对方，这简直是一件非常棘手的事情。

283

我们都知道，不能随便展开一段恋情。萧伯纳说："恋爱不是慈善事业，所以不能慷慨施舍。"那种仅仅因为不知道怎么拒绝，或者仅仅因为享受被人表白的感觉而接受对方的感情的人，是非常愚蠢的，而且是对双方都不负责任的做法。

　　但是拒绝别人也是一件非常困难的事情。大部分的人会像小白一样，想拒绝别人，又怕伤害对方的感情。我们都有同理心，能体会对方被拒绝后的尴尬和难过，但是也不能因为如此而伪装自己，或者迟迟不给对方回复，这样只会让对方更加伤心。表白人的心，就像一个易碎的玻璃球，轻轻一碰就会破碎，所以，我们要小心处理。

　　如果你需要拒绝别人的表白，首先要及时回复，态度要坚决，言辞要婉转，不要暧昧不清，给对方留有幻想。那些"不想伤害他"的善意，往往会给对方带来错误的希望和幻想。

　　也许说"对不起，我一点儿也不喜欢你"这样的话很伤人，但是如果你说"很谢谢你的青睐，但是我们现在还是学生，应该以学习为主，我不想考虑感情的事情"这样的话，对方应该就不会再有所期待，从失望里走出来也相对容易些。

　　如果你被人表白了，请不要到处炫耀。有些人被人表白后，就算不想接受对方，仍然想让人知道自己被人表白，以显示自己的优秀。这种做法无疑是最伤人的。

　　当无意中踢到了桌角，我们的脚指头会很痛。这时候，虽然明明知道这只是一个意外，既不是桌子的错也不是脚指头的错，可是瞬间的痛是真实的，痛的时候我们会想发脾气，会想骂桌子。

　　一个人被拒绝或者被分手的时候，也是这样的感觉。虽然双方都没有错，对方也会理解你并不是存心伤害他，但还是会感到受伤。

拒绝的人要理解对方因为被拒绝而产生的愤怒，被拒绝的人也要懂得感情不能强求。你有表白的权利，别人也有拒绝的权利。

拒绝者很难潇洒地对对方的心情视而不见，如果对方因为被拒绝而消沉，拒绝者就会有心理负担，觉得自己做了一件错事。但是记住，你并没有做错什么。

你要理解对方的愤怒和埋怨，他的埋怨其实并不是针对你，而是针对被拒绝这件事情而已。给大家一段时间，而你不要急于解释和澄清你并不想伤害他，那样只会让情况变得更复杂。

小林和晨晨互相喜欢了很久，也确定了恋爱关系。但是因为小林是学校里的校草，喜欢他的女生很多，有时候只要有女生和小林说话，晨晨就会和他大闹一场。小林不得不使出全身解数安慰她。一次两次小林还吃得消，可是晨晨经常处于妒忌、生气的情绪里，小林渐渐也觉得很烦躁。

他的业余时间都用在了修补和晨晨的关系上，两个人的成绩都受到了影响。最后小林觉得这样太耽误大家的学习，于是向晨晨提出了分手。可是他没想到晨晨因此一蹶不振，她觉得她的猜测都是对的，小林肯定是嫌弃自己了，和别的女生好了。小林的解释她一点儿都听不进去，结果她的学习越来越糟糕。

小林看在眼里，觉得很内疚，却不知道该怎么安慰晨晨。他在想是不是要恢复他们的关系才能让晨晨重新振作起来，可是他又很害怕回到原来的日子，因为和晨晨分手后他有了更多的时间和精力，不想好不容易提高的成绩再下降。

拒绝表白是一件很困难的事情，分手则是一件更困难的事情。因为结束一段已经开始的感情，情况比结束一段还没开始的感情更复杂。

如果你已经提出分手，那么就要坚定自己的选择。要知道在青

285

少年时期，你的首要任务还是学习文化知识。如果这些感情的事情真的影响了你们的学习，占用了你们的大部分精力，那么分手的决定就是正确的。

对方因为分手而消沉、抑郁，其实是对方的事情，并不是你的责任。如果你因为"心软"而恢复两人的关系，那么只会让你们两个人都陷入沼泽里不能自拔。

表白被拒绝或者被分手，并不是世界末日到来，虽然那种感觉像是失去了生命里的所有希望，那种绝望和痛苦，旁人是无法替代的，我们都会和这种痛彻心扉的感觉相处一段时间，然后才能慢慢走出来。

"我被拒绝了"不等于"我不值得被爱"，"我拒绝了别人"也不等于"我是一个坏人"，"他和我分手了"更不等于"我是一个失败的人"。

仔细想想，让你痛苦的并不是对方，或者是被拒绝这件事情，而是自己给自己的心理暗示和给自己的负面结论。有的人会因为这种打击一蹶不振，甚至人生信念和生活的勇气都会被摧毁。

失恋不是失败，只是一点儿感情上的小挫折，相对未来而言，这根本算不了什么。当然，此刻的你是很难明白这点的。因为身体已经长大，而心智还没有真正成熟，人生的经历太少，所以你才会把精神都集中在感情这件事上。

只要我们人生的重心重新回到学习上，问题就会迎刃而解。没有什么迈不过去的坎儿，只看你愿不愿意迈过去。在你被拒绝或者失恋后，与其沉浸在肝肠寸断的痛苦里，不如积极开拓自己的眼界，把用在伤怀上的时间都用在学习之上，结识新的朋友，参加各种活动。无论是唱歌、旅游、跑步，还是打球、健身，都能帮助你释放心中的苦闷，并且陶冶性情。认识更多有趣的人，见识广阔的山川河流，你的心灵会因此得到抚慰。

其实无论是被拒绝还是被分手，都是成长过程中的必经之路，是加速你成熟的催化剂。它虽然很伤人，但也不是百害而无一利的。"不经历风雨，怎么见彩虹？"所有的经历都值得感谢。因为在这样的小小挫折里，你学会了思考，慢慢懂得什么是爱、如何爱、怎么爱，也努力变成更好的自己。在未来的人生里，你也会不再惧怕寻找真爱。要知道人生的轮船不过刚刚启航，你还没见识过更美丽的风景，如果就此驻足，你会错过未来的风景。

愿我们
都能"爱"得其所

　　他是理科班的学生，她是文科班的学生。两人因为一场大雨在公交车站里相遇。

　　那一天她穿着浅紫色的长裙，撑着一把淡青色的雨伞，白色的球鞋被泥水溅上了点点的泥斑。他这一天没有带伞，因为不知道大雨会突然降临。前两周他打球时折了胳膊，手臂上仍旧打着石膏。公交车站的雨棚也没办法阻挡雨丝飘到他的身上，很快，她看到他身上湿了半边。

　　她于心不忍，等到车来的时候索性把伞塞进了他的手里，然后头也不回地上了车。他握着伞，伞柄上还留着她的温度，心底一片温暖。他还没来得及问她的名字，车就开走了。

　　后来他终于知道了她的名字，她的名字和她的人一样温暖。他常常看着她的伞发呆，觉得应该找一天郑重地向她道谢。

　　这一天突然又下雨了，他庆幸她的伞一直在书包里。放学后他特意绕到她的班级，看到她走出教室，就不远不近地跟着她，雨下得不大，不打伞也没关系。

他们一前一后地走到公交车站。她并不知道他一直跟在身后，可是突然感到天空中细细的雨丝消失了，仰起头就看到一片淡青色的伞面，好像是自己以前的那把伞。

她侧过头去，看到他羞赧地微笑着替她举着伞，眼底一片温柔。

他们就这样相识了，他们的话题也渐渐多了起来，放学后很默契地一起在公交车站等车。那短短的十几分钟，大概是他们一天中最快乐的时光了。

他的理科成绩很好，逻辑思维强；她文科成绩优秀，对事情观察细致、想象力丰富。他们发现一起讨论问题的时候会互相启发，能碰撞出很多智慧的火花。

他热爱运动，她却懒散不好动。可是一个高中生没有健康的体魄，怎么应对繁重的课业？于是他带着她一起跑步，她从最初不爱运动，到后来发现了运动的乐趣，最后居然也可以和他一起跑完半马。

他们都很享受和对方在一起的时光，因为一想到对方，好像就有无穷的动力，想要变成更好的人。

父母从蛛丝马迹里发现了这件事情，所幸他的父母是开明的。他们一起坐下聊起这件事，因为父母态度温和，所以他并没有否认，也向父母表示了他们的决心。因为觉得对方是个很好的人，并不想错过，所以他们会在不影响学业的前提下交往。他也向父母表示，他们会恪守底线，在有能力对对方负责之前不会发生性关系。

父母虽然并不想孩子早恋，可是看到他们对自己的人生和未来有明确的计划，也答应先观察一段时间再说，并未反对他们交往。

他们得到了父母的谅解，心里的负担全都没有了，更享受和彼此在一起的时间了。为了让父母放心，他们经常到对方家里一起学

289

习、读书，两个人的成绩都进步得很快。

最后，他们如愿考入了同一所大学，毕业后成功地步入了婚姻的殿堂。

有人说年少时的爱情是最纯洁美好的，因为它不带任何杂质，爱就是爱。爱不只是浪漫和欢愉，还有责任和义务，如果你经过深思熟虑后，真的认为这时候的感情不只是喜欢，而是真爱的话，那么不妨坦然面对。

当感情来临时，如果你能不单享受它带来的甜蜜和浪漫，也愿意承担因此带来的责任，说明你的心智是足够成熟的，那么不如放下沉重的心理负担，好好享受爱情带给你的成长。

俄国作家车尔尼雪夫斯基（Chernychevsky）说过："爱情的意义在于帮助对方提高，同时也提高自己。"意大利文艺复兴运动的杰出代表、人文主义杰出作家薄伽丘（Giovanni Boccaccio）也说过："真正的爱情能够鼓舞人，唤醒他内心沉睡的力量和潜藏的才能。"

爱上一个人是什么感觉？网上有一句话："好像突然有了软肋，也突然有了铠甲。"

这个人让你封闭的心变得柔软，他可以和你谈天说地，能理解你一切不被父母理解的想法。他给予你的温柔、体贴是完全不同于父母的。而因为心里有了这么一个人，你会在瞬间长大，会去思考未来——你们的未来。无论遇到什么样的困难，你都不会觉得害怕，因为想要他一切都好，所以心里的那个人成了你最坚硬的铠甲，替你阻挡人世的一切风刀霜剑。

鲁迅先生说过："如果一个人没有能力帮助他所爱的人，最好不要随便谈什么爱与不爱。当然，帮助不等于爱情，但爱情不能不包括帮助。"

你们就是彼此的软肋和铠甲，在人生的道路上携手披荆斩棘。

无论看名著、电影、电视剧还是听歌，爱情永远是它们的主题，被反复咏唱。人们为它欢欣、失落、难过、痛苦、纠结，却又为它痴迷，一生都在追求真爱。这是古今中外人类永恒的话题。

在中国文学史上占有重要地位的《诗经》，开篇就是"关关雎鸠，在河之洲。窈窕淑女，君子好逑"。当我们懂得了感情，认定了一个人，就会想拥有对方，永远和他在一起，一起看世界上最美好的风景、吃最好吃的东西、经历最美好的瞬间，希望人生里最重要的一刻都有他的陪伴。

爱情很美好，可同时也会带来痛苦。成人尚不能完全把握好感情的事，更何况是青春期的少男少女？我们在看小说、影视剧的时候，总是会被其中的爱情纠葛感动，看到有人为爱疯狂，有人为了爱情做出无法挽回的错事，有人因为妒忌让自己发狂、心理失衡……

这些并不全是虚构的。莎士比亚说："我承认天底下再没有比爱情的责罚更痛苦的，也没有比服侍它更快乐的事了。"能控制住感情是一件很困难的事情，无论是成年人还是青少年，都是需要学习的。

爱情不是一件美丽的衣服，你看到别人穿了，就想要，而不去思考这件衣服是不是适合自己，自己到底需不需要。爱情也不是一件可以随意丢弃的衣服，喜欢了就穿，不喜欢了就把它丢掉，然后寻找新的衣服。

爱情是一件需要慎重对待的事情，虽然爱情的发端是不理智的，却需要理智地对待。

莎士比亚告诉世人："爱情不是花荫下的甜言，不是桃花源中的蜜语，不是轻绵的眼泪，更不是死硬的强迫，爱情是建立在共同语言的基础上的。"你是不是真的想清楚了呢？和一个完全陌生的人建立亲密的关系，你们互相给予信任和温暖，但是你同时还要背负责任和担当。

在开始之前要想清楚，你要开始这段感情的原因，是别人有我才想要，还是觉得人生太无聊，想找个有趣的人做个伴儿？或者你只是想试试，怕自己的青春留下遗憾？如果你只是这样的想法，那么不妨把你的想法消灭在萌芽状态。

一段感情开始之后，就无法掌握在自己手里了。你需要和另一个人磨合、碰撞，你们需要面对两个家庭的压力、学校的压力、升学的压力——这些压力和矛盾，都是你不曾面对过的，并且还会花去你的大部分精力。我们都必须为自己的草率、天真和幼稚付出代价，但有没有想过我们负担得起吗？

好好和自己谈谈，看看你想开始一段感情的原因到底是什么。如果让你心动的只是对方出众的外貌、闪耀着健康光芒的身体，那么不过就是荷尔蒙在作怪，你这是对一个异性的喜欢，而不是对对方的灵魂的心动。生理上的吸引是心动的开始，却也只证明你是个发育正常的人而已。没有成熟的瓜果，虽然也有芬芳，但注定带着酸涩。你何不等待成熟的那一天，无论是心理、生理都成熟以后，再享用爱情的果实呢？那时的你会更有底气，更懂得什么才是你想要的东西。

我想对每一个决定去爱的人说，不要轻易开启不知前途的感情，等待正确的时间做正确的事情。如果你要放弃，就要放弃得利索。

如果感情已经开始，也不要让它影响你们，你们是为了成为更好的人而努力，而不是为了体会其中的苦楚。我们都清楚，初恋能走到最后的人没有几个。虽然有过海誓山盟，虽然经历过无数的欢笑和泪水，但是人生真的很漫长，在这条路上我们会遇到太多太多意想不到的事情。当我们还年轻的时候，我们以为听懂了一个道理或者喝了几碗心灵"鸡汤"就能变得成熟。可是，人在这一生当中总是要经历很多很多的磨难和痛苦才会成长。

高尔基说过："爱情对精神不健全的人来说，是一种强烈的毒素，但对健康的人来说，就像火对要变成钢的铁所起的作用一样。"

放下莽撞和草率，享受被人关爱的同时你们也要认真计划你们的未来，懂得如何尊重彼此、爱护彼此、帮助彼此成为更好的人。如果你们能走到天长地久，真的是一件值得感恩的事情。但就算未来有一天不得不放手离开，你们心中也不会有怨恨，而是会真心谢谢这个人陪你走过人生中最美好的一段时光。愿每个心中有爱的人，都能不负所愿，爱得其所。